变频与伺服
控制技术

主编　刘　彤　刘红兵

上海交通大学出版社
SHANGHAI JIAO TONG UNIVERSITY PRESS

内容提要

本书以西门子 SINAMICS V20 变频器和 SINAMICS V90 伺服驱动器为对象，内容主要包括变频器的结构和原理，变频器和伺服驱动器常用接线、参数配置、运行与操作等。本书通过 5 个项目完成对西门子变频器和伺服驱动器的学习和训练，每个项目的知识点和技能点以任务的形式体现和实施，技能训练强化知识点的实际操作能力。本书内容实用性强，结构清晰合理，言简意赅，对实际操作有很强的指导和借鉴意义。本书可以作为高职院校自动化相关专业的教学用书，也适用于自动化相关行业的广大从业人员。

图书在版编目（CIP）数据

变频与伺服控制技术 / 刘彤，刘红兵主编 .-- 上海：
上海交通大学出版社，2024.1
ISBN 978-7-313-30218-2

Ⅰ . ①变⋯　Ⅱ . ①刘⋯　②刘⋯　Ⅲ . ①变频器—教材
②伺服系统—教材　Ⅳ . ① TN773 ② TP275

中国国家版本馆 CIP 数据核字（2024）第 006239 号

变频与伺服控制技术
BIANPIN YU SIFU KONGZHI JISHU

主　　编：刘　彤　刘红兵		地　　址：上海市番禺路 951 号
出版发行：上海交通大学出版社		电　　话：021-6407 1208
邮政编码：200030		
印　　制：北京荣玉印刷有限公司		经　　销：全国新华书店
开　　本：787 mm×1092 mm　1/16		印　　张：17.5
字　　数：375 千字		
版　　次：2024 年 1 月第 1 版		印　　次：2024 年 1 月第 1 次印刷
书　　号：ISBN 978-7-313-30218-2		
定　　价：56.00 元		

编写委员会

主　编┃刘　彤　刘红兵

副主编┃杨梦勤　张　蕾　陈　庆　张　骅　张　衡

主　审┃段树华

前　言

由于"双碳"发展目标的要求，各类高耗能企业持续推进工艺优化和节能降耗，这就需要更多电机从传统、低效的运行和调速模式，转向以变频为驱动模式。变频器承担着电机调速的功能，具有节能降耗、改善生产工艺流程、提高产品质量等重要作用。越来越多的变频器产品被应用在工业领域，尤其是迫切需要实施节能改造的制造企业。

国家《关于加强新时代高技能人才队伍建设的意见》中指出，技能人才是支撑中国制造、中国创造的重要力量。加强高级工以上的高技能人才队伍建设，对巩固和发展工人阶级先进性，增强国家核心竞争力和科技创新能力，缓解就业结构性矛盾，推动高质量发展具有重要意义。要加大高技能人才培养力度，到"十四五"时期末，技能人才占就业人员的比例达到30%以上，高技能人才占技能人才的比例达到三分之一。

目前，变频器与伺服控制技术已经广泛应用在智能制造领域的现场控制，成为高校自动化专业核心课程，是必须掌握的一项技能。本书采用项目式教学模式，循序渐进安排教学知识点，通过任务分解技能点，将知识点和技能点相互融合。

本书具有以下特色。

第一，强调技能的培养，"学中做，做中学"。打牢变频与伺服的基础，突出技能训练的特点，大部分任务点都配有技能训练，且给出详细的实施步骤，为教师教学过程和学生学习过程提供参考，为后续复杂任务的应用打下坚实基础。

第二，以典型的控制平台为教学对象，适应性广泛。西门子驱动装置在我国占有较大的市场份额，得到了广泛的应用，书中以西门子 SINAMICS V20、SINAMICS V90 主流变频器和伺服驱动器为教学对象，替换较早的 MICROMASTER 系列变频器。

第三，教学资源丰富，适应对象广泛。本书提供了丰富的教学多媒体资源、习题答案、微课视频等服务于本书的教学资源库，有需要者可致电 13810412048 或发邮件至 2393867076@qq.com。此外，本书还建立了课程教学平台，通过平台直接引入教学。本书可以作为高职院校自动化相关专业的教学用书，也适用于自动化相关行业的广大从业人员。

第四，落实课程思政要求，全方位育人。本书落实立德树人根本任务，贯彻《高等学校课程思政建设指导纲要》和党的二十大精神，将专业知识与思政教育有机结合，推动价值引领、知识传授和能力培养紧密结合。

本书由湖南铁道职业技术学院刘彤、刘红兵、杨梦勤、张蕾、陈庆等编写，本书由湖南铁道职业技术学院段树华主审。刘彤、陈庆撰写了项目 4 和项目 5，刘红兵撰写了项目 1，并对本书的编写提出了宝贵意见，杨梦勤编写了项目 2，张蕾编写了项目 3。

本书在撰写的过程中，得到了学校领导和同事的鼓励和帮助，感谢中国石油集团渤海石油装备制造有限公司张骅、张衡的参与和支持，也衷心感谢在本书出版过程中给予帮助的人们。

由于编者的学术水平有限，书中存在的疏漏之处，敬请读者批评指正。

扫一扫
学习资源库

教学课件
习题答案

目　录

项目 1

变频器选用与安装

知识目标

（1）了解变频器的基本概念及功能。

（2）了解变频器的主要发展趋势。

（3）了解主要的变频器件。

（4）掌握变频器工作原理和常用控制方式。

（5）掌握变频器的硬件结构。

能力目标

（1）能认识变频器的外形、品牌、功能用途等。

（2）会根据采用变频目的、负载类型、电流电压匹配及应用场合等因素选用变频器。

（3）会根据散热问题、电磁干扰问题、防护问题选择正确的安装环境和接线方式。

素质目标

（1）培养正确的世界观、人生观、价值观。

（2）遵纪守法，诚信做人、踏实做事。

（3）具有安全意识、责任意识。

笔记

项目概述

随着工业科技的发展，变频器成为工业自动化和机械自动化的主角，不仅能实现控制要求，而且更加安全、节能、高效，相应的，对电气工程技术人员也提出了更高的维护应用要求。在机床主轴上采用变频器可实现无级变速，从而使磨具或刀具以较小的磨损产生较高的光洁度和加工精度。机床工作台由变频器取代液压传动，可缩短传动响应时间。变频器的调速范围宽、控制精度高，且具有很多自动功能，可有效提高机床的加工效率。

摆在工程师面前的问题是：①电机负载类型极多，对所配变频器的性能要求也是千差万别，如何根据需要给电机选择合适的变频器；②变频器对安装环境有何要求。本项目将从变频器的认知、选用、安装等几个方面进行介绍。

任务 1.1 变频器认知

任务引入

21 世纪人类社会已经跨入了自动化、数字化和智能化时代。变频器（variable-frequency drive，VFD）作为控制交流电动机的电力控制设备，随着工业自动化程度的不断提高得到了广泛的应用。

本任务的学习目标是了解变频器的基本概念，熟悉变频器型号铭牌及外形，掌握变频器的不同类型及功能用途，了解其发展历程，为后续全面理解变频器结构原理、控制方式，以及掌握选型、安装、接线等操作技能夯实基础。

1.1.1 变频器概念

通常，变频器是指把电压和频率固定不变的交流电变换为电压或频率可变的交流电的装置，是通过改变电机工作电源频率的方式来控制交流电动机的电力控制设备。与变压器相比，变频器不仅可以改变电压，还可以改变频率以满足 V/F 控制规律。

利用软硬件控制系统将工频电源（50 Hz 或 60 Hz）变换为另一频率的交流电并施加在电机定子绕组上，使交流电动机实现无级调速的过程，称为变频调速。变频控制系统如图 1-1 所示。

那么，变频器是如何实现变频的呢？总体上就是：交流–直流–交流（先整流再逆变），经过这种处理过程的变频器也叫交直交变频器，目前也是各个行业使用比较多的一种。此外，还有一种交流–交流变换的，这种也称为交交变频器。变频器的控制对象主要是三相交流异步电动机和三相交流同步电动机。

图 1-1　变频器控制系统

1.1.2　变频器主流品牌

变频器外形结构总体上大致相同，主要区别体现在尺寸、颜色、布局等方面。综合起来常用的变频器有上百种品牌，生产厂家遍布全球。我国变频器市场主要分为本土、日本以及欧美三类厂商。本土厂商主要代表有汇川技术、英威腾、合康新能等，日本厂商代表企业主要有三菱、安川、富士、日立、东芝等，欧美代表企业主要有 ABB、西门子、施耐德等。表 1-1 归纳了国产品牌、欧美品牌、日本品牌等常用经典品牌变频器。

表 1-1　常用经典型号变频器外形特点

主流品牌	生产厂商	外形
国产品牌	英威腾变频器：由深圳市英威腾电气股份有限公司研发、生产、销售的国内变频器品牌，主要用于控制和调节三相交流异步电机的速度，以其稳定的性能、丰富的组合功能、高性能的矢量控制技术、低速高转矩输出、良好的动态特性及超强的过载能力，在变频器市场占据着重要的地位	
	汇川变频器：由深圳市汇川技术股份有限公司研发、生产、销售的国内变频器品牌，主要用于控制、调节三相交流异步电机和三相交流永磁电机的速度和转矩，可用于纺织、造纸、拉丝、机床、包装、食品、风机、水泵及各种自动化生产设备的驱动	
	台达变频器：中国台湾品牌，是台达自动化的开山之作，也是台达自动化销售额最大的产品。在竞争激烈的市场中，台达变频器始终保持着强劲的增长势头，在高端产品市场和经济型产品市场均斩获颇丰。在应用领域，台达变频器将目光投向了更广阔的领域——电梯、起重、空调、冶金、电力、石化以及节能减排项目	

笔记

主流品牌	生产厂商	外形
欧美品牌	ABB 变频器：由瑞典 ABB 集团研发、生产、销售的知名变频器品牌，主要用于控制和调节三相交流异步电机的速度，并以其稳定的性能、丰富的组合功能、高性能的矢量控制技术、低速高转矩输出、良好的动态特性及超强的过载能力，在变频器市场占据着重要的地位	
	SINAMICS 变频器：由德国西门子研发、制造和销售的变频器品牌。西门子变频器具有较高的灵活性、功能性和工程舒适性，覆盖了所有性能级别，可完成简单变频器任务、协调变频器任务直至运动控制任务，广泛应用于各工业领域，尤其是泵机、风机、压缩机、传送带、搅拌机、轧钢机或挤压机等领域	
日本品牌	三菱变频器：由三菱电机株式会社生产，在世界各地占有率比较高。三菱变频器来到中国有 20 多年的历史，在国内市场上，三菱因为其稳定的质量和强大的品牌影响力，有着相当广阔的市场，并已广泛应用于各个领域。三菱变频器目前在市场上用量较多的是 A700 系列和 E700 系列，A700 系列为通用型变频器，适合高启动转矩和高动态响应场合的使用	
	安川变频器：由安川电机株式会社生产，主要用于三相异步交流电机，用于控制和调节电机速度。安川变频器以其卓越的控制性能和优异的产品品质，依靠"以独特的技术，为社会和公共事业做贡献"的理念得到全球工业领域的认可。安川变频器代表着高性能、高可靠性和高安全性	

1.1.3 变频器功能及用途

变频器的主要功能：调压、调频、稳压、调速等基本功能，以及一项重要功能——节能。变频器的具体功能作用与用途如表 1-2 所示。

表 1-2 变频器的具体功能作用与用途

功能作用	用途
变频节能	变频器节能主要表现在风机、泵类的应用上。因为风机、泵类负载的实际消耗功率基本与转速的三次方成比例。据统计，风机、泵类电动机用电量占全国用电量的 31%，占工业用电量的 50%。目前应用较成功的有恒压供水、各类风机、中央空调和液压泵的变频调速

续表

功能作用	用途
在自动化系统中的应用	由于变频器内置 32 位或 16 位的微处理器，具有多种算术逻辑运算和智能控制功能，输出频率精度为 0.1%~0.01%，且设置有完善的检测、保护环节，因此，在自动化系统中获得广泛应用。例如，化纤工业中的卷绕，玻璃工业中的平板玻璃退火，电弧炉自动加料、配料系统，以及电梯的智能控制等
在提高工艺水平和产品质量方面的应用	变频器广泛应用于传送、起重、挤压和机床等各种机械设备控制领域，可以提高工艺水平和产品质量。如纺织和许多行业用的定型机，输送热风通常用的是循环风机，采用变频调速后，温度调节可以通过变频器自动调节风机的速度来实现，解决了产品质量问题
实现电机软启动	电机硬启动会对电网造成严重的冲击，而使用变频器后，变频器的软启动功能将使启动电流从零开始变化，最大值也不超过额定电流，减轻了对电网的冲击和对供电容量的要求，延长了设备和阀门的使用寿命，同时也节省了设备的维护费用
机车牵引	轨道交通机车牵引的交流传动系统中，由于要满足恒磁通控制的要求，一些机车和动车组上采用了电压型逆变器供电，并具有电流反馈和转差闭环的双闭环控制系统。采用新型的三点式电压型逆变器，则可使用耐电压等级低一半的器件，而且还可以有效地减少谐波电流，抑制电磁噪声

1.1.4　变频器发展趋势及思考

变频器的诞生背景是交流电机无级调速的广泛需求。传统的直流调速技术因体积大、故障率高而应用受限。变频技术的发展阶段如表 1-3 所示。

表 1-3　变频技术发展的不同阶段

发展时间	技术更迭	时代应用
20 世纪 60 年代以后	电力电子器件晶闸管及其升级产品普遍应用，但其调速性能远远无法满足需要	1968 年以丹佛斯为代表的高技术企业开始批量化生产变频器，开启了变频器工业化的新时代
20 世纪 70 年代开始	脉宽调制变压变频（PWM — VVVF）的研究得到突破	20 世纪 80 年代以后微处理器技术的完善使得各种优化算法得以容易实现
20 世纪 80 年代中后期	VVVF（变频调速）技术实用化	最早的变频器是日本买了英国专利研制的，但美国和德国凭借电子元件生产和电子技术的优势，迅速抢占高端产品市场

电力电子器件的基片已从 Si（硅）变换为 SiC（碳化硅），这使电力电子新元件具有耐高压、低功耗、耐高温的优点，并可制造出体积小、容量大的驱动装置。随着永磁电动机得到广泛应用，计算机技术和芯片技术的迅速发展突破和普及应用，变频器相关技术也得到了迅速发展，未来主要向网络智能化、专门化和一体化、高性能化、节能环保无公害以及适应新能源等几个方面发展。相较于国外变频器的发展状况，我国的变频器应用起步较晚，直到 20 世纪 90 年代末期才得到较为广泛的推广。国内变频技术发展状况可以概括为：变频器的整体技术相对落后，和国外在变频调速研究上取得的先进成果比还存在差距，但是正在逐步赶上。

问题与思考

1. 变频器是将工频交流电变为_____和_____可调的交流电的电器设备。

2. 变频器是一种（　　）装置。

　　A. 驱动直流电机　　　　　　　　B. 滤波

　　C. 驱动步进电机　　　　　　　　D. 电源变换

3. 请查阅相关资料回答。

（1）通过实例说明使用变频器有哪些好处？

_____

_____

_____

_____

_____

_____

（2）了解国内外变频器的发展状况，说出国产变频器现状及未来发展趋势。

_____

_____

_____

_____

_____

_____

_____

任务 1.2　变频器选用

任务引入

一般根据企业工程实际需求选用变频器的类型，按照生产机械的类型、调速范围、静态速度精度、启动转矩的要求，判断选用哪种控制方式的变频器最合适。所谓合适是既要好用，又要经济，以满足工艺和生产的基本条件和要求。

本任务学习目标是理解变频调速原理，并在此基础上掌握变频器工作原理与过程，熟悉变频器控制方式及其特点，掌握变频器选用原则和方法，为后续学习根据采用变频目的、负载类型、电流电压匹配及应用场合等因素选用变频器奠定基础。

1.2.1　交流异步电动机调速原理

交流电动机是用于实现将交流电能转换为机械动能的装置。由于交流电力系统的巨大发展，交流电动机已成为最常用的电动机。交流电动机与直流电动机相比，由于没有换向器，因此结构简单，制造方便，比较牢固，容易做成高转速、高电压、大电流、大容量的电动机。

直流电动机通过调节电压或调节励磁，可以方便地实现平滑连续的无级调速。交流异步电动机的调速原理更复杂，调速方式更多，诸如调压调速、变级调速、串级调速、滑差调速等，而变频调速优于上述任何一种调速方式，是当今国际上广泛采用的效益高、性能好、应用广的新技术。

当在鼠笼型交流异步电动机定子绕组上通入三相交流电时，在定子与转子之间的空气隙内将产生一个旋转磁场，旋转磁场与转子绕组产生相对运动，使转子绕组产生感应电势，出现感应电流，此电流与旋转磁场相互作用，即产生电磁转矩，使电动机转动起来。异步交流电动机的转速公式：

$$n = n_0(1-s) = \frac{60f_1}{p}(1-s) \tag{1-1}$$

式中：

f_1——异步电动机定子绕组上交流电源的频率（Hz）；

p——异步电动机的磁极对数；

s——异步电动机的转差率；

n——异步电动机的转速（rpm）[①]；

n_0——异步电动机的同步转速（rpm）。

①　rpm 的规范用法为 r/min，因本书软件中使用 rpm 且需要图文对应，故全书使用 rpm。

根据式（1-1）可知，交流异步电动机有下列三种基本调速方法：

①改变定子绕组的磁极对数 p，称为变极调速；

②改变转差率 s，其方法有改变定子电压调速、绕线式异步电动机转子串电阻调速和串级调速；

③改变电源频率 f_1，称为变频调速。

1. 变极调速

在电源频率 f_1 不变的条件下，改变电动机的磁极对数 p，电动机的同步转速 n_1 就会变化，从而改变电动机的转速 n。若磁极对数减少一半，同步转速就升高一倍，电动机的转速也几乎升高一倍。通过改变电动机定子绕组的接法来改变磁极对数的电动机称为多速电动机，这类电动机均采用笼型转子，转子感应的磁极对数能自动与定子相适应，一般会从定子绕组中抽出一些线头，以便使用时调换。下面以一相绕组来说明变极调速的原理。如图 1-2 所示，先将 U 相绕组中的 2 个半相绕组 a_1x_1 与 a_2x_2 采用顺向串联，产生 2 对磁极。若将 U 相绕组中的一半相绕组 a_2x_2 反向串联或反向并联（见图 1-3），则产生 1 对磁极。

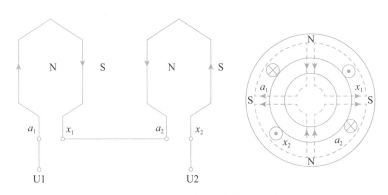

图 1-2　绕组变极调速图（$p=2$）

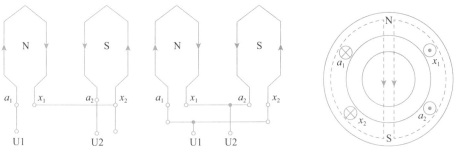

图 1-3　绕组变极调速图（$p=1$）

2. 变转差率调速

改变定子电压调速、转子串电阻调速和串级调速都属于改变转差率调速。这些调速方法的共同特点是在调速过程中都会产生大量的转差功率。前两种调速方法都是把转差功率消耗在转子电路里，很不经济，而串级调速则能将转差功率加以吸收或大部分反馈给电网，提高了经济性能。

（1）改变定子电压调速。由异步电动机电磁转矩和机械特性方程可知，在一定转速下，异步电动机的电磁转矩与定子电压的平方成正比。因此改变定子外加电压就可以改变其机械特性的函数关系，从而改变电动机在一定输出转矩下的转速。当改变电动机的定子电压时，可以得到一组不同的机械特性曲线，从而获得不同转矩特性。如图 1-4 所示，曲线 1 代表电动机的固有机械特性，曲线 2 代表定子电压是额定电压的 0.7 倍时的机械特性。

从图 1-4 可以看出，同步转速 n_0 不变，最大转差或临界转差率 S_m 不变。当负载为恒转矩负载 T_L 时，随着电压由 U_N 减小到 $0.7U_N$，转速相应地从 n_1 减小到 n_2，转差率增大，显然可以认为调压调速方法属于改变转差率的调速方法。改变定子电压调节电动机转速，调速范围较小，低压时机械特性太软，转速变化大。为改善调速特性，可采用带速度负反馈的闭环控制系统来解决该问题，例如采用晶闸管交流调压电路来实现定子调压调速。

（2）转子串电阻调速。绕线式异步电动机转子串电阻调速的机械特性如图 1-5 所示。转子串电阻时最大转矩 T_m 不变，临界转差率增大。转子串接电阻越大，运行段机械特性斜率越大。

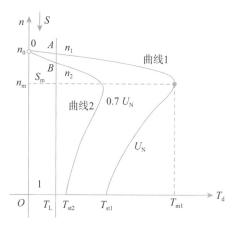

图 1-4   改变定子电压调速的机械特性

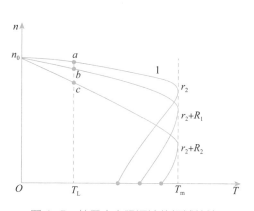

图 1-5   转子串电阻调速的机械特性

电动机带动恒转矩负载，若原来运行在固有特性曲线 1 的 a 点上，在转子串电阻 R_1 后，就运行在 b 点上，转速由 n_a 变为 n_b，依此类推。转子串电阻调速的优点是设备简单，可用于中、小容量的绕线式异步电动机，如桥式起重机等；缺点是转子绕组需经过电刷引出，属于有级调速，平滑性差。由于转子中电流很大，在串接电阻上产生很大损耗，所以电动机的效率很低，机械特性较软，调速精度差。

（3）串级调速。串级调速方式是指有绕线式异步电动机转子回路中串入可

笔记

调节的附加电势来改变电动机的转差，从而达到调速的目的。其优点是可以通过某种控制方式，使转子回路的能量回馈到电网，从而提高效率，在适当的控制方式下，可以实现低同步或高同步的连续调速；缺点是只能适应于绕线式异步电动机，且控制系统相对复杂。

3. 变频调速

变频调速一般通过改变电动机定子绕组供电的频率来达到调速的目的。交流变频调速技术就是把工频 50 Hz 或 60 Hz 的交流电转换成频率和电压可调的交流电，通过改变交流异步电动机定子绕组的供电频率，在改变频率的同时也改变电压，从而达到调节电动机转速的目的（即 VVVF 技术）。交流变频调速系统一般由三相交流异步电动机、变频器及控制器组成。

变频调速技术已深入我们生活的每个角落，应用已经从高性能应用领域扩展至通用驱动及专用驱动场合，乃至变频空调、冰箱、洗衣机等家用电器。变频器已在工业机器人、自动化出版设备、加工工具、传输设备、电梯、压缩机、轧钢、风机泵类、电动汽车、起重设备等领域中得到广泛应用。随着半导体技术的飞速发展，MCU（微控制单元）的处理能力愈加强大，处理速度不断提升，变频调速系统完全有能力处理更复杂的任务，实现复杂的观测、控制算法，传动性能也因此达到前所未有的高度。

1.2.2 变频调速原理

1. 变频调速的条件

从式（1-1）来看，只要改变定子绕组的电源频率 f_1 就可以调节转速大小，但是如果只改变电源频率 f_1 并不能正常调速，而且可能导致电动机运行性能的恶化。其原因分析如下。

由电动机学原理知，三相异步电动机定子绕组的反电动势 E_1 的表达式为

$$E_1 = 4.44 f_1 N_1 K_{N1} \Phi_m \qquad (1\text{-}2)$$

式中：

E_1——气隙磁通在定子每相中感应电动势的有效值（V）；

N_1——每相定子绕组的匝数；

K_{N1}——与绕组结构有关的常数；

Φ_m——电动机每极气隙磁通。

由于式（1-2）中的 4.44、N_1、K_{N1} 均为常数，所以定子绕组的反电动势可表示为

$$E_1 = f_1 \Phi_m \qquad (1\text{-}3)$$

根据三相异步电动机的等效电路知，$E_1 = U + \Delta U$，当 E_1 和 f_1 的值较大时，定子的漏阻抗相对较小，漏阻抗压降可以忽略不计，即可认为电动机的定子电压

$U_1 \approx E_1$，因此可将式（1-3）写成：

$$U_1 \approx E_1 \propto f_1 \Phi_m \qquad (1\text{-}4)$$

笔记

若电动机的定子电压 U_1 保持不变，则 E_1 也基本保持不变，但是，异步电动机定子绕组中的感应电动势 E_1 无法直接检测和控制，由于 $U_1 \approx E_1$，所以，可以通过控制定子电压 U_1 达到控制 E_1 的效果。

以电动机的额定频率 f_{1N} 为基准频率，称为基频。变频调速时，可以从基频向上调频，也可以从基频向下调频。

2. 恒磁通（恒转矩）基频以下变频调速

由式（1-4）可知，当定子绕组的交流电源频率 f_1 由基频 f_{1N} 向下调节时，即 $f_1 < f_{1N}$ 时，将会引起主磁通 Φ_m 的增加。当达到额定频率时电动机的磁通已经接近饱和，Φ_m 继续增大，将会使电动机磁路过分饱和，从而导致励磁电流过大，严重时会因绕组过热而损坏电动机。

为了维持电动机输出转矩不变，希望在调节频率的同时能够维持主磁通 Φ_m 不变，即恒磁通控制方式。为了保证 Φ_m 不变，根据式（1-3），就需要 E_1/f_1 为一常数：

$$\frac{E_1}{f_1} = \frac{U_1}{f_1} = C \text{（常数）} \qquad (1\text{-}5)$$

当定子电源频率 f_1 很低时，U_1 和 E_1 都变得很小，定子阻抗压降所占的比例相对此时 U_1 的大小来说就比较显著，不能被忽略，此时，该阻抗压降降低了电动机的输出转矩。因此，在低电压的低频区，可以采用电压补偿措施，适当地提高定子绕组电压 U_1 使得 E_1 的值增加，从而保证 E_1/f_1 为常数，主磁通 Φ_m 就会基本不变，最终使电动机的输出转矩得到补偿。这种方法是通过提高 U_1/f_1 的比，使电动机的输出转矩得到补偿的，称为 U/f 控制电压补偿，也称为转矩提升。定子电源频率 f_1 越低，定子绕组电压就需要补偿得越大，带定子压降补偿控制的恒压频比控制特性如图 1-6 所示。

图 1-6 中，曲线 1 为 $U_1/f_1 =$ 常数时的电压与频率关系曲线，曲线 2 为有电压补偿时，即近似的 E_1/f_1 为常数时的电压与频率关系曲线。实际上变频器装置中相电压 U_1 和频率 f_1 的函数关系并不简单地如曲线 2 一样，通用变频器有几十种电压与频率函数关系曲线，可以根据负载性质和运行状况加以选择。

在基频以下调速，保持 $U_1/f_1 =$ 常数进行调节时，电动机的机械特性曲线如图 1-7 中 f_{1N}。

如果电动机在不同转速下具有相同的额定电流，则电动机都能在温升允许的条件下长期运行。若保持主磁通 Φ_m 恒定，则电磁转矩 T 恒定，电动机带动负载的能力不变，转速差基本不变，所以调速后的机械特性从 f_{1N} 向下平移，电动机的输出转矩不变，属于恒转矩调速。

笔记

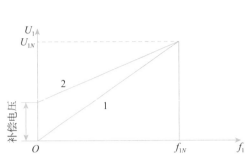

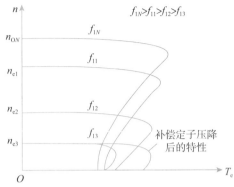

图 1-6　基频以下变频器调速电压补偿示意图　　图 1-7　基频以下调速时的机械特性曲线

3. 恒功率（恒电压）基频以上变频调速

从式（1-3）可以看出，定子绕组的反电动势不变，从基频 f_{1N} 向上调节频率，主磁通 Φ_m 将减少，铁芯利用不充分，同样的转子电流下，电磁转矩 T 下降，电动机的负载能力下降，电动机的容量也得不到充分利用。

若按照 $U_1/f_1 =$ 常数的规律，使定子绕组的交流电源频率 f_1 由基频 f_{1N} 向上调节，则控制电压也必须增大，但是受到电动机额定电压 U_{1N} 的限制不能再升高，只能保持 $U_1=U_{1N}$ 不变。这必然使主磁通 Φ_m 与频率 f_1 成反比地降低，频率越高，主磁通 Φ_m 下降得越多，由于 Φ_m 与电流或转矩成正比，因此电磁转矩 T 也变得越小，这时的电磁转矩应该比负载转矩大，否则会出现电动机的堵转。在这种控制方式下，转速越高，转矩越低，但转速与转矩的乘积（输出功率）基本不变。所以，基频以上调速属于弱磁恒功率调速。其机械特性曲线如图 1-8 所示。

4. 变频调速的两个阶段

把基频以下和基频以上两种情况结合起来，可得如图 1-9 所示的异步电动机变频调速的控制特性曲线。如果电动机在不同转速下都具有额定电流，则电动机都能在温升允许的条件下长期运行，这时转矩基本上随磁通变化，在基频以下，属于恒转矩调速的性质，而在基频以上，属于恒功率的调速性质。

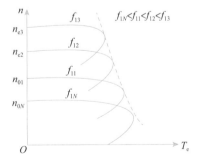

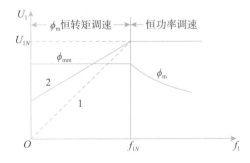

图 1-8　基频以上调速时的机械特性曲线　　图 1-9　变频调速控制特性曲线

（1）恒转矩的调速特性。恒转矩是指在转速的变化过程中，电动机具有输出恒定转矩的能力。在 $f_1 < f_{1N}$ 的范围内变频调速时，经过补偿后，各条机械特性的临界转矩基本为一定值，因此该区域基本为恒转矩调速区域，适合带恒转矩负载。从另一方面来看，经补偿以后的 $f_1 < f_{1N}$ 的调速，可以基本认为 $E/f =$ 常数，即 Φ_m 不变，在负载不变的情况下，电动机输出电磁转矩基本为一定值。

（2）恒功率的调速特性。恒功率是指在转速的变化过程中，电动机具有输出恒定功率的能力，在 $f_1 > f_{1N}$ 下，频率越高，主磁通 Φ_m 必然相应下降，电磁转矩 T 也越小，而电动机的功率 $P = T(\downarrow)\omega(\uparrow) =$ 常数，因此 $f_1 > f_{1N}$ 时，电动机具有恒功率的调速特性，适合带恒功率负载。

1.2.3 变频器常用控制方式

1. 非智能控制方式

在交流变频器中使用的非智能控制方式有 V/f 控制、转差频率控制、矢量控制、直接转矩控制等。

（1）V/f 控制。V/f 控制是为了得到理想的转矩 – 速度特性，基于在改变电源频率进行调速的同时，又要保证电动机的磁通不变的思想而提出的，通用型变频器基本上都采用这种控制方式。V/f 控制变频器结构非常简单，但是这种变频器采用开环控制方式，不能达到较高的控制性能，而且，在低频时，必须进行转矩补偿，以改变低频转矩特性。V/f 控制主要应用在低成本、性能要求较低的场合。

（2）转差频率控制。转差频率控制是一种直接控制转矩的控制方式，在 V/f 控制的基础上，按照异步电动机的实际转速对应的电源频率，并根据希望得到的转矩来调节变频器的输出频率，可以使电动机具有对应的输出转矩。这种控制方式，需要在控制系统中安装速度传感器，有时还需要加装电流反馈装置，来对频率和电流进行控制，因此，这是一种闭环控制方式，可以使变频器具有良好的稳定性，并对急速的加减速和负载变动有良好的响应特性。

（3）矢量控制。矢量控制通过矢量坐标电路控制电动机定子电流的大小和相位，达到对电动机在坐标轴系中的励磁电流和转矩电流分别进行控制，进而达到控制电动机转矩的目的；通过控制各矢量的作用顺序和时间以及零矢量的作用时间，又可以形成各种 PWM（脉冲宽度调制）波，达到各种不同的控制目的。例如形成开关次数最少的 PWM 波以减少开关损耗。目前在变频器中实际应用的矢量控制方式主要有基于转差频率控制的矢量控制方式和无速度传感器的矢量控制方式两种。

①基于转差频率的矢量控制方式与转差频率控制方式两者的定常特性一致，但是基于转差频率的矢量控制还要经过坐标变换对电动机定子电流的相位进行控制，使之满足一定的条件，以消除转矩电流过渡过程中的波动。因此，基于转差

频率的矢量控制方式比转差频率控制方式在输出特性方面能得到很大的改善。但是，这种控制方式属于闭环控制方式，需要在电动机上安装速度传感器，因此，应用范围受到限制。

②无速度传感器矢量控制是通过坐标变换处理分别对励磁电流和转矩电流进行控制，然后通过控制电动机定子绕组上的电压、电流辨识转速，达到控制励磁电流和转矩电流的目的。这种控制方式调速范围宽，启动转矩大，工作可靠，操作方便，但计算比较复杂，一般需要专门的处理器来进行计算，因此，实时性不是太理想，控制精度受到计算精度的影响。

（4）直接转矩控制。直接转矩控制利用空间矢量坐标的概念，在定子坐标系下分析交流电动机的数学模型，控制电动机的磁链和转矩，通过检测定子电阻来达到观测定子磁链的目的，因此省去了矢量控制等复杂的变换计算，系统直观、简洁，计算速度和精度都比矢量控制方式更高，即使在开环的状态下，也能输出100%的额定转矩，对于多拖动具有负荷平衡功能。

（5）最优控制。最优控制在实际中的应用根据要求的不同而有所不同，可以根据最优控制理论对某一个控制要求进行个别参数的最优化。例如在高压变频器的控制应用中，就成功地采用了时间分段控制和相位平移控制两种策略，实现了一定条件下的电压最优波形。

（6）其他非智能控制方式。在实际应用中，还有一些非智能控制方式在变频器的控制中得以实现，例如自适应控制、滑模变结构控制、差频控制、环流控制、频率控制等。

2. 智能控制方式

智能控制方式主要有神经网络控制、模糊控制、专家系统、学习控制等。在变频器的控制中采用智能控制方式在具体应用中有一些成功的范例。

（1）神经网络控制。神经网络控制方式应用在变频器的控制中，一般用来进行比较复杂的系统控制，由于这时对于系统的模型了解甚少，因此神经网络既要完成系统辨识的功能，又要进行控制。而且神经网络控制方式可以同时控制多个变频器，因此在多个变频器级联时进行控制比较合适。但是神经网络的层数太多或者算法过于复杂都会在具体应用中带来不少实际困难。

（2）模糊控制。模糊控制算法用于控制变频器的电压和频率，使电动机的升速得到控制，避免升速过快对电机使用寿命产生影响以及升速过慢影响工作效率。模糊控制的关键在于论域、隶属度以及模糊级别的划分，这种控制方式尤其适用于多输入单输出的控制系统。

（3）专家系统。专家系统是利用所谓"专家"的经验进行控制的一种控制方式，因此，专家系统中一般要建立一个专家库，存放一定的专家信息，另外还要有推理机制，以便于根据已知信息寻求理想的控制结果。专家库与推理机制的设计是尤为重要的，关系着专家系统控制的优劣。应用专家系统既可以控制变频器的电压，又可以控制其电流。

（4）学习控制。学习控制主要用于重复性的输入，而规则的 PWM 信号（例如中心调制 PWM）恰好满足这个条件，因此学习控制也可用于变频器的控制中。学习控制不需要了解太多的系统信息，但是需要 1~2 个学习周期，因此快速性相对较差，而且，学习控制的算法中有时需要实现超前环节，这用模拟器件是无法实现的，同时，学习控制还涉及稳定性的问题，在应用时要特别注意。

1.2.4 变频器的选用

变频器有着不同类型、不同品牌，也有不同的标准规格和技术参数。选择变频器时，应根据用户自身的实际情况与要求，选择出性价比最好的变频器，才是最合适的。选用变频器时既要考虑变频器的种类、用途、性价比的评估等因素，也要考虑变频器容量、售后服务等条件。

变频器的类型要根据负载类型要求来选择。变频器的防护等级与其安装环境相适应，变频器能否长期、安全、可靠运行关系重大，需要考虑环境温度、湿度、粉尘、酸碱度、腐蚀性气体等因素。

1. 变频器额定电流的选择

变频器的容量选择需要考虑许多因素，如电动机的容量、电动机额定电流、电动机加速时间和减速时间等，其中最主要的是电动机额定电流。变频器容量的选择应考虑以下原则。

（1）轻载启动或连续运行时变频器的容量计算。电动机接入变频器运行与直接接入工频电源运行相比，由于变频器的输出电压、电流中会有高次谐波，电动机的功率因数、效率有所下降，电流约增加 10%，因此变频器的容量（电流）可计算为

$$I_{fe} \geq 1.1 I_e \tag{1-6}$$
$$I_{fe} \geq 1.1 I_{max} \tag{1-7}$$

式中：

I_{fe}——变频器的额定输出电流（A）；

I_e——电动机的额定电流（A）；

I_{max}——电动机实际运行中的最大电流（A）。

（2）重载启动、频繁启动或制动运行时变频器的容量计算。重载启动、频繁启动或制动运行时，变频器的容量

$$I_{fe} \geq (1.2\sim1.3) I_e \tag{1-8}$$

（3）对于风机、泵类负载，变频器的容量计算。对于风机、泵类负载，变频器的容量按式（1-5）计算。

（4）加速、减速时变频器的容量计算。异步电动机在额定电压、额定功率下通常具有输出 200% 左右最大转矩的能力。但是变频器的最大输出转矩由其允许的最大输出电流决定，此最大电流通常为变频器额定电流的 130%~150%（持续时间为 1 min），所以电动机中流过的电流不会超过此值，最大转矩也被限制在 130%~150%。

如果实际加速、减速时的转矩较小，则可以减少变频器的容量，但也应留有 10%。

频繁加速、减速运转的变频器容量计算，先计算出负载等效电流 I_{jf}：

$$I_{jf} = \frac{I_1 t_1 + I_2 t_2 + \cdots + I_n t_n}{t_1 + t_2 + \cdots + t_n} \tag{1-9}$$

式中：

I_1，I_2，$\cdots$，I_n——各运行状态下的平均电流（A）；

t_1，t_2，$\cdots$，t_n——各运行状态下的时间（s）。

然后计算变频器的额定输出电流：

$$I_{fe} = k I_{jf} \tag{1-10}$$

$$I_{fe} \geqslant \frac{I_q}{k_f} = \frac{k_q I_e}{k_f}$$

式中：

I_q——电动机直接启动电流（A）；

k_q——电动机直接启动电流倍数，一般为 5~7；

k_f——变频器的允许过载倍数，产品手册可查，一般取 1.5。

（5）根据负载性质选择变频器的容量。即使相同功率的电动机，负载性质不同，所需的变频器的容量也不相同。其中，二次方转矩负载所需的变频器容量比恒转矩负载的低。

（6）多台电动机共用一台变频器的容量计算。除前面所讲内容需要注意之外，还要按各电动机的电流总值来选择变频器的容量。若所有电动机容量均相等，有部分电动机直接启动时，可计算变频器容量：

$$I_{fe} \geqslant \frac{N_2 I_q + (N_1 - N_2) I_e}{k_f} \tag{1-11}$$

式中：

N_1——电动机总台数；

N_2——直接启动电动机总台数。

（7）注意变频器的过载容量。通用变频器的过载容量通常为 125%（持续 1 min）或 150%（持续 1 min），需要超过此值的过载容量就必须增加变频器的容量。

2. 变频器额定功率的选择

（1）一台变频器拖动一台电动机。当用一台变频器拖动一台电动机时，变频器的额定功率大于等于电动机的额定功率即可：

$$P_{fe} \geq P_e \qquad\qquad (1\text{-}12)$$

式中：

P_{fe}——变频器额定功率（kW）；

P_e——电动机额定功率（kW）。

（2）一台变频器拖动多台电动机。当用一台变频器拖动多台电动机时，且多台电动机功率相等并在相同的工作环境和工况下同时启动运行时，可按式（1-13）选择变频器额定功率，节省投资成本。

$$P_{fe} \geq P_{e1}+P_{e2}+\cdots+P_{en} \qquad\qquad (1\text{-}13)$$

（3）多台电动机功率差别大且不允许同时启动运行。当多台电动机功率差别大且不允许同时启动运行时，不宜采用一台变频器拖动多台电动机，否则变频器的功率会很大，在经济上不合算。

（4）变频器重载启动运行。在转动惯量大，启动转矩大，或电动机带负载且要正反转运行的情况下，变频器的功率（容量）应放大一级。

3. 变频器额定电压和频率的选择

变频器的额定电压一般可按电动机的额定电压选择。

对于通用变频器的频率可选用 0~240 Hz 或 0~400 Hz，对于风机、泵类专用变频器的频率可选用 0~120 Hz。

问题与思考

1. 依据交流电动机转速公式，交流电动机的调速方法有_____、_____和_____。

2. 变极调速就是改变定子的_____，使异步电动机的同步转速改变，从而得到转速的调节。

3. 变极调速通常采用改变定子_____的方法，最常用的三相绕组接法是_____和_____。

4. 转子电路串接电阻调速、改变定子电压调速和串级调速都属于_____调速。

5. 变频器是一种将交流电源整流成直流后再逆变为_____、_____可变的交流电源的专用装置。

6. 改变定子绕组接法从△变 YY 并联时，电动机极对数_____，同步转速_____。

7. 采用恒压频比（U/f）控制方式变频调速时，基频以下属于（　　）调速，基频以上属于（　　）调速。

A. 恒转矩 　　　　　　　　　　B. 恒功率

C. 恒电压 　　　　　　　　　　D. 恒电流

8. 变频器在恒压频比（U/f）控制方式下，输出频率比较低时，会出现输出转矩不足的情况，要求变频器具有（　　）功能。

　　A. 电压补偿　　　　　　　　　　　B. 电流补偿

　　C. 功率补偿　　　　　　　　　　　D. 转速补偿

9. 在 U/f 控制方式下，当输出频率比较低时会出现输出转矩不足的情况，要求变频器具有（　　）功能。

　　A. 频率偏置　　　　　　　　　　　B. 转差补偿

　　C. 转矩补偿　　　　　　　　　　　D. 段速控制

10. 变频调速过程中，为了保持磁通恒定，必须保持（　　）。

　　A. 电压 U 不变　　　　　　　　　B. 频率 f 不变

　　C. U/f 不变　　　　　　　　　　D. 以上均可

11. 对电动机从基本频率向上的变频调速属于（　　）调速。

　　A. 恒功率　　　　　　　　　　　　B. 恒转矩

　　C. 恒磁通　　　　　　　　　　　　D. 恒转差率

12. 为什么变极调速改变绕组接法后需要交换两个出线端？

_____

_____

13. 变频器常用的控制方式有哪些？简要说明。

_____

_____

14. 异步电动机进行变频调速时，为什么希望保持主磁通恒定？

_____

_____

任务 1.3　变频器安装

任务引入

　　不同变频器的安装步骤方法类似，主要涉及安装现场的环境、温度，包括是否无腐蚀、无易燃易爆气体和液体，是否无灰尘、漂浮性的纤维及金属颗粒；所安装场所的基础、墙壁应坚固无损伤、无震动、无阳光直射、无电磁干扰等要求。而在变频器安装中，要注意根据不同变频器的特点来进行测试、检查、接线等。所以，可以通过学习变频器硬件结构、变频器件、端子结构来掌握不同变频器的安装方法。

　　本任务学习目标是了解变频器件、熟悉变频器硬件结构、掌握变频器安装与接线方法。

1.3.1　变频器硬件结构

目前中小功率变频器大部分采用交 – 直 – 交方式，先把工频交流电源通过整流器转换成直流电源，然后再把直流电源转换成频率、电压均可控制的交流电源以供给电动机。

电网和电动机之间的能流变换通过主电路完成，控制电路负责能流变换过程中的信号检测、功率驱动、开关控制、电路保护和人机交互的操作显示等功能。变频器内部结构如图 1-10 所示，变频器结构框图如图 1-11 所示。

图 1-10　变频器内部结构

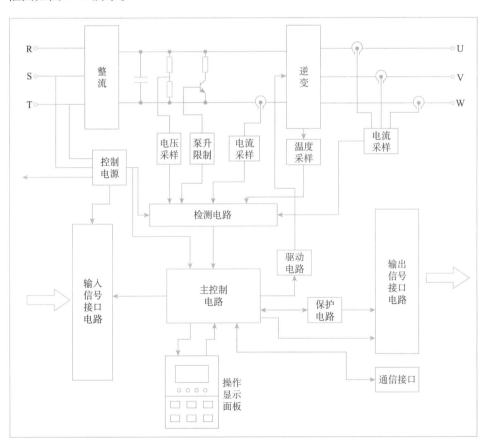

图 1-11　变频器结构框图

1. 变频器主电路

通用变频器一般都是采用交 – 直 – 交的电能转换方式，其主电路基本构造如图 1-12 所示。通用变频器的主回路包括整流部分、直流环节、逆变部分、制动或回馈环节等。

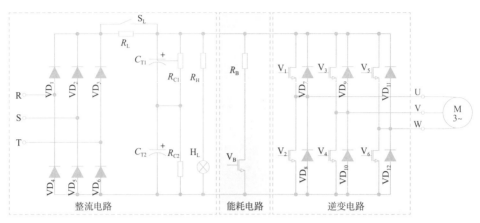

图 1-12 通用变频器的主电路基本构造

（1）整流部分。整流电路一般采用由整流二极管组成的三相或单相整流桥，将工频交流电整流变成直流电。小功率通用变频器的整流桥输入多为单相 220 V，较大功率的整流桥输入均为三相 380 V 或 440 V。进线用 R、S、T 或 L1、L2、L3 标识。

图 1-12 中的二极管 $VD_1 \sim VD_6$ 组成三相整流桥，将电源的三相交流电全波整流成直流电。输入电源的线电压为 U_L，则三相全波整流后平均直流电压 U_D 的大小为

$$U_D = 1.35 \times U_L \tag{1-14}$$

三相电源的线电压为 380 V，故全波整流后的平均电压 $U_D = 1.35 \times 380 \ V = 513 \ V$。

（2）直流环节。三相整流桥输出的电压和电流属直流脉动电压和电流。为了减小直流电压和电流的波动，直流滤波电路起到对整流电路的输出进行滤波的作用，同时还兼有补偿无功功率的作用。

①滤波电容 C_{T1} 和 C_{T2}。通用变频器直流滤波电路的大容量铝电解电容，通常是采用电容器串联和并联构成的电容器组，如图 1-12 中电容 C_{T1} 和 C_{T2} 串联，以得到所需的耐压值和容量。另外，由于电解电容器容量有较大的离散性，这将使它们的电压不相等，因此，电容器要各并联一个阻值相等的匀压电阻，如图 1-12 中电阻 R_{C1} 和 R_{C2} 用以消除离散性的影响。

②限流电阻 R_L 和开关 S_L。为避免大电容在通电瞬间产生过大的充电电流（浪涌电流），一般还要在直流回路串入一个限流电阻 R_L，在变频器初始接通交流电时，限制瞬间充电电流，待几十毫秒后，充电电流减小，再由开关 S_L 闭合短接限流电阻 R_L，以免影响电路正常工作。开关 S_L 可以是接触器触头，也可以是功率开关器件，如晶闸管等。

笔记

③电源指示灯 H_L。电源指示灯 H_L 除了表示电源是否接通以外，还有一个十分重要的功能，即在变频器切断电源后，显示滤波电容器 C_T 上的电荷是否已经释放完毕。

（3）逆变部分。逆变电路的作用是在控制电路的作用下，将直流电源转换成频率和电压都可以调节的交流电源。逆变电路的输出就是变频器的输出，所以逆变电路是变频器的核心电路之一，起着非常重要的作用。最常见的逆变电路结构形式是利用六个功率开关器件 $V_1 \sim V_6$，常用 IGBT（绝缘栅双极型晶体管）组成的三相桥式逆变电路，有规律地控制逆变器中功率开关器件的导通与关断，可以得到频率改变的三相交流输出。

逆变电路中都设置有续流电路，由续流二极管 $VD_7 \sim VD_{12}$ 组成。电动机的绕组是电感性的，其电流具有无功分量。$VD_7 \sim VD_{12}$ 为无功电流返回直流电路时提供"通道"。当频率下降、电动机处于再生制动状态时，再生电流将通过 $VD_7 \sim VD_{12}$ 整流后返回直流电路。$V_1 \sim V_6$ 进行逆变工作过程时，同一桥臂的两个逆变管处于不停地交替导通和截止的状态，在这个交替和截止的换相过程中，也不时地需要 $VD_7 \sim VD_{12}$ 提供通道。

（4）制动或回馈环节。当电动机快速减速时，感应电动机及其负载由于惯性很容易使转差频率 $s<0$，电动机进入再生制动，电流经逆变器的续流二极管整流成直流对滤波电容充电。由于用变频器的整流桥是由单向导电的二极管组成的，不能吸收电动机回馈的电流，因此，若电动机原来的转速较高，再生制动时间较长，直流母线电压会一直上升，成为对主电路开关元件和滤波电容形成威胁的过高电压，即所谓的泵生电压。

通用变频器一般通过制动电阻 R_B 来消耗这些能量，即将一个大功率开关器件 V_B 和一个制动电阻 R_B 相串联，跨接在中间直流环节正、负母线两端，如图 1-12 中能耗电路所示。大功率开关器件 V_B 在变频器内，而制动电阻 R_B 通常作为附件放在变频器外。当直流电压达到一定值时，该大功率开关器件被导通，制动电阻就接入电路，从而消耗掉电动机回馈的能量，以维持直流母线电压基本不变。

2. 控制电路

控制电路是变频器中最复杂、最关键的部分，具有设定和显示运行参数、信号检测、系统保护、计算与控制、驱动逆变管等作用。

（1）微处理器。控制电路大都是以高性能微处理器和专用集成电路（application specific integrated circuit，ASIC）为核心的数字电路。ASIC 的应用，把控制软件和系统监控软件以及部分逻辑电路全部集成在芯片中，使控制电路板更简洁，具有良好的保密性。数据计算由数字信号处理器（digital signal processing，DSP）完成，计算结果和数据经过数据总线和 ASIC 中的 CPU（中央

笔记

处理器）进行交换，ROM（只读存储器）、RAM（随机存储器）存放程序或中间数据。

变频器控制的核心部分由单片机构成的中央处理单元组成，包括控制程序、控制方式等。外部的控制信号、内部的检测信号以及用户的参数设定等送到CPU，并经CPU处理后，对变频器进行相关的控制。频率设定信号和系统检测信号的电压、电流等经A/D（模拟数字转换器）变换送入控制电路。

（2）PWM信号生成部分。PWM信号生成部分主要由专用大规模集成电路（ASIC）或专用芯片完成，即ASIC根据微处理器的指令值和一些必要的信号，实时输出按一定规律变化的PWM信号。大多数通用变频器的基本运行方式是频率开环控制，必要时可以引入若干信号的反馈，实现转差闭环控制或矢量变换控制，以适应高精度调速的需要。

（3）驱动电路。变频器的功率器件主要是IGBT模块或IPM（智能功率）模块，驱动电路将PWM驱动信号进行隔离放大，输出相应的导通、关断脉冲，驱动主电路的半导体器件导通、关断。

（4）检测电路。检测电路主要是对整个变频器系统的输入电压、输入电流，中间直流电压、直流电流，逆变器输出电压、输出电流，温升以及电动机转速等进行信号采集。经采样电路取得的电压、电流、温度、转速等信号经信号处理电路进行分压、光电隔离、滤波、放大等处理后进入A/D转换器，然后作为反馈信号输入CPU，作为控制算法的依据和供显示用，或者作为一个开关量或电平信号输入至故障保护电路。

（5）故障保护。故障保护有欠电压、缺相、过电压、过电流、过载、短路以及温度过高等保护。变频器控制回路中的保护，可对变频器和异步电动机实施保护。由于变频器负载侧短路等，变频器的电流瞬时突变超过允许值时，通过瞬时过电流保护，立即停止变频器运转，切断电流。变频器的输出电流达到异常值时，也同样停止变频器运转。

变频器过载保护可以在变频器输出电流超过额定值，且持续流通达到规定的时间以上时，为了防止变频器元件、电线等损坏而停止运转。采用变频使电动机快速减速时，由于再生功率使直流电路电压升高，有时超过允许值，再生过电压保护可以停止变频器，防止过电压。瞬时停电保护对于数毫秒以内的瞬时停电，控制回路工作正常，但当瞬时停电达数十毫秒以上时，通常不仅控制回路误动作，主回路也不能供电，所以检出停电后使变频器停止运转。变频器负载侧接地时，为了保护变频器设有接地过电流保护功能。变频器装有冷却风机，当风机异常时装置内温度将上升，采用风机热继电器或元件散热片温度传感器，检测异常温度后可以停止变频器运转。

为防止低速运转的过热，通过在异步电动机内安装温度检测装置，或者利用装在变频器内的电子热保护来检测过热。动作频繁时，可以考虑减轻电动机负载、增加电动机及变频器容量等。变频器的输出频率或者异步电动机的速度超过规定值时，停止变频器运转。对于自通风的普通异步电动机，一旦电动机过热，应立刻封锁逆变器 PWM 信号并断开电动机电路。

（6）外部接口电路。外部接口电路主要指从外部电路输入控制信号，或将变频器的正常运转信号（如频率、电压、电流等）以及故障信号输出供外部电路使用，又或将转速等信号反馈至变频器以构成闭环系统的输入和输出接线端子。键盘操作即通过面板上的键盘输入操作指令，大多数变频器的面板都可以取下，安置到操作方便的地方，面板和变频器之间用延长线连接，实现远距离控制。外部端子包括主电路端子和控制电路端子。其中，控制电路端子又分为输入控制端和输出控制端。输入控制端既可以接收模拟量输入信号，又可以接收开关量输入信号；输出控制端有用于报警输出的端子、指示变频器运行状态的端子以及用于指示各种输出数据的测量端子。通信接口用于变频器和其他控制设备的通信。

1.3.2　变频器件

变频技术建立在电力电子技术基础之上。电力电子器件（power electronic device）是用于电能变换和电能控制电路中的大功率（通常指电流为数十至数千安，电压为数百伏以上）电子器件，又称功率电子器件。变频器的主电路都采用电力电子器件作为开关器件，电力电子器件是变频器发展的基础。

按电力电子器件的可控性分类，电力电子器件可以分为不可控型、半控型和全控型三大类；按照驱动方式分类，可分为电流驱动和电压驱动两种，如图 1-13 所示。

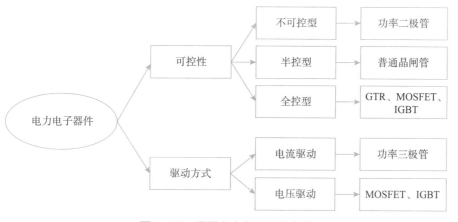

图 1-13　常用电力电子器件分类

1. 不可控型器件

功率整流二极管是电力电子器件中结构较简单、使用较广泛的一种器件，通常用在变频器主电路的整流电路当中，属于二端器件。功率整流二极管特性与普通二极管相似，只要在二极管两端施加足够大的正向阳极电压，二极管就会导通，施加反向电压则截止。由于导通时，无法控制二极管阳极电流，因此称为不可控器件。功率整流二极管外形如图 1-14 所示。

图 1-14　功率整流二极管外形

2. 半控型器件

半控型器件的典型代表是晶闸管（silicon controlled rectifier，SCR），晶闸管是一种三端器件，有三个极：阳极、阴极和门极。晶闸管的工作条件是在晶闸管的阳极、阴极两端施加正向电压后，通过门极输入触发信号，控制晶闸管导通。普通晶闸管可以控制导通，但却不能控制关断，工作频率较低，因此称为半控型器件，其外形如图 1-15 所示。晶闸管的派生器件有快速晶闸管、双向晶闸管、逆导晶闸管、光控晶闸管等。晶闸管具有硅整流器件的特性，能在高电压、大电流条件下工作，且其工作过程可以控制，广泛应用于可控整流、交流调压、无触点电子开关、逆变及变频等电子电路中。

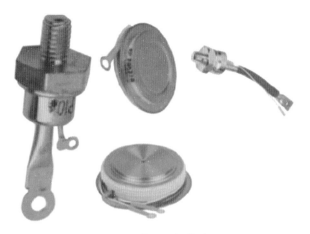

图 1-15　普通晶闸管外形

晶闸管智能模块指的是一种特殊的模块，其采用全数字移相触发集成电路，实现了控制电路和晶闸管主电路集成一体化，使模块具备了弱电控制强电的电力调控功能。

3. 全控型器件

门极信号既能使晶闸管导通，又能使其关断，故该类晶闸管称为全控器件，也称为自关断器件。如图 1-16 所示，门极可关断晶闸管（gate-turn-off thyristor，GTO）、功率（电力）晶体管（giant transistor，GTR）、电力场效应晶体管（power MOSFET）和绝缘栅双极型晶体管（insulated gate bipolar transistor，IGBT）等器件都属于全控型电力电子器件。

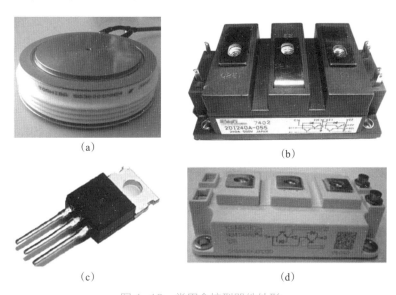

图 1-16　常用全控型器件外形
(a) 门极可关断晶闸管（GTO）；(b) 功率晶体管（GTR）；
(c) 电力场效应晶体管（power MOSFET）；(d) 绝缘栅双极型晶体管（IGBT）

4. 绝缘栅型晶体管

现代电力电子器件仍然在向大功率、高频化和易驱动方向发展。电力电子模块化是提升功率密度的重要一步。电力电子器件的制造工艺连续迭代，性能指标不断提高。

（1）IGBT 工作原理。IGBT 是由 BJT（bipolar junction transistor，双极结型晶体三极管）和 MOSFET（metal oxide semiconductor FET，绝缘栅型场效应管）组成的复合全控型功率半导体器件，其具有自关断的特征，兼有功率 MOSFET和双极性器件的优点。IGBT 具有高输入阻抗、电压控制、驱动功率小、开关频率高、饱和压降低、耐高压、大电流、安全工作频率宽等优点。

IGBT 是由 GTR 与 MOSFET 组成的达林顿结构，是一个由 MOSFET 驱动的厚基区 PNP 晶体管，R_N 为晶体管基区内的调制电阻，IGBT 的驱动原理与电力 MOSFET 基本相同，是一个场控器件，通断由栅射极电压 UGE 决定，其外部有三个电极，分别为栅极（G）、集电极（C）、发射极（E），如图 1-17所示。

笔记

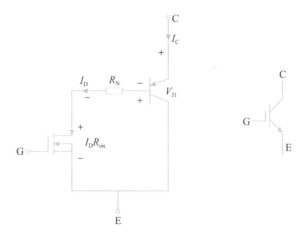

图 1-17　IGBT 等效电路及符号

U_{CG} 大于开启电压 $U_{CE}(th)$ 时，MOSFET 内形成沟道，为晶体管提供基极电流，IGBT 导通。电导调制效应使电阻 R_N 减小，使通态压降小。栅射极间施加反压或不加信号时，MOSFET 内的沟道消失，晶体管的基极电流被切断，IGBT 关断。

（2）IGBT 分类。按照使用电压范围，可以将 IGBT 分为超低压、低压、中压和高压几大类产品，不同电压范围对应着不同的应用场景；IGBT 从封装形式分类可以分为 IGBT 单管（分立器件）、IGBT 模块和 IGBT-IPM 智能功率模块三大类产品，如图 1-18 所示。

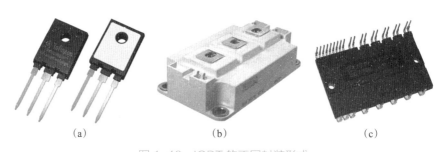

　　　　（a）　　　　　　　　　　（b）　　　　　　　　　（c）

图 1-18　IGBT 的不同封装形式
（a）单管封装；（b）模块封装；（c）IGBT-IPM 封装

①IGBT 单管：为一个 N 沟道增强型绝缘栅双极晶体管结构，通过加正向栅极电压形成沟道，给 PNP 晶体管提供基极电流，使 IGBT 导通。

②IGBT 模块：在单管的基础上加入了 IC 驱动和各种驱动保护电路，采用更先进的封装技术。

③IGBT-IPM：是 IGBT 模块进一步发展的产物，集成了逻辑、控制、检测和保护电路，缩小了系统体积，增强了系统的可靠性。

（3）IGBT 应用领域。IGBT 是能源转换与传输的核心器件，是电力电子装置的"CPU"。IGBT 已广泛应用于工业、4C（通信、计算机、消费电子、汽车电子）、航空航天、国防军工等传统产业领域，以及轨道交通、新能源、智能电网、新能源汽车等战略性新兴产业领域。

5. 智能功率模块

智能功率模块（intelligent power module，IPM）一般以 IGBT 为基本功率开关元件，构成单相或三相逆变器的专用功能模块，是一种先进的功率开关器件，具有 IGBT 的所有优点。IPM 将主开关器件、续流二极管、驱动电路、过电流保护电路、过热保护电路和短路保护电路以及驱动电源不足保护电路、接口电路等集成在同一封装内，形成高度集成的智能功率集成电路，如图 1-19 所示。

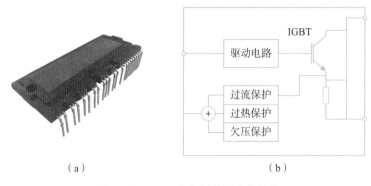

（a）　　　　　　　　　　　　　（b）

图 1-19　IPM 实物封装及内部结构

（a）IPM 实物封装；（b）IPM 内部结构

智能功率模块将功率开关和驱动电路集成在一起，内置有过电流保护、短路保护、控制电源欠电压保护、过热保护等故障检测电路，可输出警报信号。内置 IGBT 驱动电路和保护电路的控制 IC，容易设计外围电路，从而能够保证系统的高可靠性，具有体积小、功能多、功耗小、使用方便等优点，适用于 AC 伺服系统、空调机、升降机等。

1.3.3　变频器分类

变频器的种类繁多，可以按照电压等级、有无直流环节、中间直流环节储能方式、调制方式、控制方式和用途进行分类。

1. 按照电压等级分类

在实际应用中，低压变频器具有基本统一的拓扑结构，而高压变频器则因实现高压的方式不同而出现多种主电路拓扑结构。按照电压等级划分，低压变频器主要是指 380 V 等级，而中高压变频器通常指驱动电压等级在 1 kV 以上交流电动机的中、大容量变频器，我国主要为 6 kV 和 10 kV 等级。

2. 按照有无直流环节分类

变频器按照有无直流环节可分为交 – 交变频器和交 – 直 – 交变频器。

笔记

（1）交－交变频器。交－交变频器没有中间直流环节，每相都由两个相互反并联的整流电路组成，正桥提供正向相电流，反桥提供负向相电流。三相共六个整流桥，一般采用晶闸管进行可控整流。晶闸管采用自然换流方式。整流桥可以工作在整流状态，也可以工作在逆变状态，当电动机工作在发电状态时，可以实现能量向电网的直接回馈。逆变电路可控，主要功能是将直流电变成交流电输出给电动机。当电动机工作在发电状态时（如制动），逆变电路可以工作在整流状态，将电动机的能量送到直流回路，如图 1-20（a）所示。

电路由接在同一交流电源上的 P（正）组和 N（负）组反并联的两组晶闸管变流电路组成，负载相同。两组变流器采用相控电路，P 组工作时，负载电流自上而下，设为正向；N 组工作时，负载电流自下而上，设为负向。让两组变频器按一定的频率交替工作，负载就可以得到该频率的交流电，如图 1-20（b）所示。改变两组变流器的切换频率，负载上的交流电压频率就可以得到改变。改变交流电路工作时的触发延迟角 α，就可以改变交流输出电压的幅值。

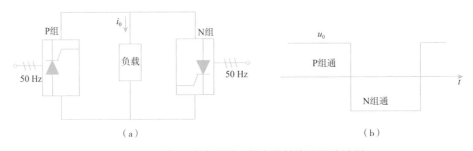

图 1-20　交－交变频器一相电路结构及驱动波形

（a）单相结构图；（b）单相驱动图

（2）交－直－交变频器。与交－交变频器相比，交－直－交变频器具有中间直流环节，先将电网交流电用整流电路变成直流电，再用逆变电路将直流电转换为频率及电压可变的交流电。整流电路、直流环节、逆变电路是交－直－交变频器的三个基本组成部分，整流电路一般采用二极管全波整流，固定直流电压输出，只需要完成直流到交流的逆变控制，即能实现频率及电压的调节，如图 1-21 所示。

图 1-21　交－直－交变频器原理

3. 按照直流环节储能方式分类

交－直－交变频器具有中间直流环节，按照直流环节储能方式的不同，变频器可分为电流源型变频器和电压源型变频器。

（1）电流源型变频器。电流源型变频器输入端一般采用可控整流控制电流的大小，中间采用大电感对电流进行平滑控制，逆变桥将直流电转换为频率可变的交流电，供给交流电动机，如图 1-22 所示。由于电流可控，电流源型变频器具有很好的抗过电流能力，甚至负载短路都不会导致变频器损坏。同时由于电流源型变频器是可控移相整流，尽管电流方向不变，但整流桥输出电压可以为负，从而进入逆变状态工作，实现能量由变频器向电网的回馈，使电动机实现四象限运行，可用于频繁正反转或需要制动的场合。

图 1-22 电流源型变频器结构示意图

（2）电压源型变频器。电压源型变频器输入端一般不可控，大多采用二极管进行全波整流，中间采用大电容滤波，对电压进行平滑控制，如图 1-23 所示。逆变桥采用 PWM 控制技术，既控制电压输出波形中交流基波的幅值大小，又控制交流基波电压的频率。

图 1-23 电压源型变频器结构示意图

电压源型变频器直流回路的电压大小基本是不变的。逆变桥直接对直流电压进行 PWM 控制，不直接控制电流。电动机侧得到的是幅值恒定、占空比和频率可变的方波电压。电动机的电流实际上是其在变频器输出电压控制下运行时所产生的，为正弦波形式。

由于整流桥不可控，输出电压和电流的方向均确定不变，不能实现能量回馈，因而这种变频器不适用于频繁正反转或需要制动的场合。但由于整流桥不可控，不会造成电流相位的滞后，因此其网侧功率因数较高，并且不随输出频率而变化。

电压源型变频器的输入端如果也采用 PWM 控制，则可以在具有能量回馈功能的同时，也具有较高的功率因数。

4. 按照调制方式分类

通用变频器为了保证电动机主磁通的恒定，需要同时调节逆变器的输出电压和频率。按输出电压调节方式不同，变频器可分为脉冲幅值调节方式（pulse amplitude modulation，PAM）和脉冲宽度调节方式（pulse width modulation，PWM）。

（1）脉冲幅值调节方式。脉冲幅值调节方式是通过改变直流电压的幅值进行

笔记

调压的方式。在变频器中，逆变电路只负责调节输出频率，而输出电压的调节则由相控整流器或直流斩波器通过调节直流电压 E_d 或 I_d 的幅值去实现。变频器的输出电压波形如图 1-24 所示。

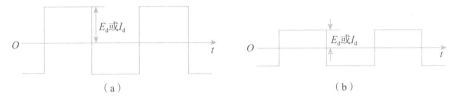

图 1-24　PAM 方式调节输出的电压波形
(a) 调压前；(b) 调压后

（2）脉冲宽度调节方式。在变频器的逆变电路中，脉冲宽度调节方式同时对输出电压（电流）的幅值和频率进行控制，以较高频率对逆变电路的半导体开关元器件进行通断，改变输出脉冲的宽度（占空比），来达到控制电压（电流）的目的。此方式通常采用参考电压与载频三角波互相比较，产生开关器件的导通时间，改变输出脉冲的占空比。

为了使电动机的调速更加平滑，可以采用正弦波 u_r 作为调制波，三角波 u_e 作为载波，将调制波正弦波与载波三角波相比较，得到脉冲宽度按照正弦规律变化的输出脉冲 u_o，使输出电压的平均值接近于正弦波，这种控制方式称为正弦 PWM（SPWM）控制。图 1-25 为单极性 SPWM 波形，在正弦波的正半周期，PWM 只有一种极性，在正弦波的负半周期，PWM 同样只有一种极性，但是与正半周期相反。采用 SPWM 控制方式的变频器可以减少高次谐波带来的各种不良影响，转矩波动小，而且具有控制电路简单、成本低等特点，是通用变频器采用最多的一种逆变电路控制方式。

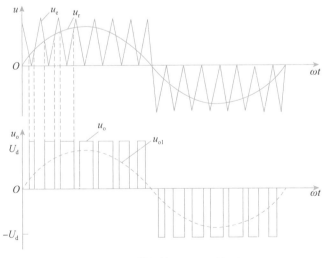

图 1-25　单极性 SPWM 波形

5. 按照控制方式分类

变频器按照控制方式可分为压频比（U/f）控制变频器、矢量控制变频器、直接转矩控制变频器等。

6. 按照用途分类

（1）通用变频器。通用变频器具有通用性，可以应用于标准异步电动机传动、工业生产及民用各个领域。通用变频器频率调节范围宽，输出力矩大，动态性能好。因此，绝大多数变频器都可当作通用变频器使用。

（2）风机、水泵用变频器。针对风机、泵类设计的变频器，符合其运行特性，其主要特点是过载力较低，具有闭环控制PID（比例、积分、微分）调节功能，并具有"1控X"的切换功能。

（3）高性能变频器。高性能变频器基本采用了矢量控制方式，能进行四象限运行，驱动对象通常是变频器厂家指定的专用电动机，主要用于对机械特性和动态响应要求较高的场合。

（4）具有电源再生功能的变频器。当变频器中直流母线上的再生电压过高时，能将直流电源逆变成三相交流电反馈给电网，这种变频器主要用于电动机长时间处于再生状态的场合，如起重机械的吊钩电动机等。

（5）其他专业变频器。这类变频器是指应用在专业行业领域的变频器，如电梯专业变频器、纺织专业变频器、张力控制专业变频器、中频变频器等。

1.3.4 变频器的安装要求和安装方式

1. 变频器安装要求

（1）变频器安装环境温度。温度是影响变频器寿命及可靠性的重要因素，变频器与其他电子设备一样，对周围环境温度有一定的要求，一般为 –10~50℃。如散热条件好，环境温度上限可提高到50℃，超过此上限，温度每升高10℃，变频器的寿命减少一半。在控制箱中，变频器一般应安装在箱体上部，并严格遵守产品说明书中的安装要求，绝对不允许把发热元件或易发热的元件紧靠变频器的底部安装。

（2）变频器安装环境湿度。变频器对环境湿度有一定要求，变频器的周围空气相对湿度要求不大于90%RH（表面无凝露）。湿度太高且湿度变化较大时，变频器内部易出现结露现象，其绝缘性能就会大大降低，甚至可能引发短路事故。必要时，必须在箱中增加干燥剂和加热器。

（3）变频器安装场所无水滴、蒸汽、酸、碱、腐蚀性气体及导电粉尘。对导电性粉尘场所，采用封闭结构。对可能产生腐蚀性气体的场所，使用环境如果腐蚀性气体浓度大，不仅会腐蚀元器件的引线、印刷电路板等，还会加速塑料器件

笔记

笔记

的老化，降低绝缘性能，因此要对控制板进行防腐蚀处理。

（4）变频器安装避免电磁干扰。变频器在工作中由于整流和变频，周围会产生干扰电磁波，这些高频电磁波对附近的仪表、仪器有一定的干扰。因此，柜内仪表和电子系统，应该选用金属外壳，屏蔽变频器对仪表的干扰。所有的元器件均应可靠接地，除此之外，各电气元件、仪器及仪表之间的连线应选用屏蔽控制电缆，且屏蔽层应接地。如果处理不好电磁干扰，往往会使整个系统无法工作，导致控制单元失灵或损坏。

（5）变频器安装避免强烈振动。装有变频器的控制柜受到机械振动和冲击时，会引起电气接触不良甚至造成短路等严重故障。除了提高控制柜的机械强度、远离振动源和冲击源外，还应使用抗震橡皮垫固定控制柜内外电磁开关之类产生振动的元器件。一般在设备运行一段时间后，应对其进行检查和维护。

（6）变频器的安装需要远离高温且无阳光直射。

（7）变频器的安装禁止在易燃、易爆环境。

（8）变频器安装在海拔高度 1000 m 以下可以输出额定功率。但海拔高度超过 1000 m 时，其输出功率会下降。海拔高度超过 1000 m 时，变频器输出电流减少，海拔高度为 4000 m 时，输出电流为 1000 m 时的 40%。

2. 变频器的安装方式

（1）壁挂式安装。变频器的外壳设计比较牢固，一般情况下，允许直接安装在墙壁上，称为壁挂式。为了保证通风良好，所有变频器都必须垂直安装，变频器与周围物体之间的距离应满足下列条件：两侧大于 100 mm、上下大于 150 mm，而且为了防止杂物掉进变频器的出风口阻塞风道，在变频器出风口的上方最好安装挡板。

（2）柜式安装。当现场的灰尘过多，湿度比较大，或变频器外围配件比较多，需要和变频器安装在一起时，可以采用柜式安装。变频器柜式安装是目前最好的安装方式，因为这种方式可以起到屏蔽辐射干扰的作用，同时也可以起到防灰尘、防潮湿、防光照等作用。

变频器采用柜内冷却方式时，变频柜顶端应安装抽风式冷却风扇，并尽量装在变频器的正上方（这样便于空气流通）；多台变频器安装应尽量并列安装，如必须采用纵向方式安装，应在两台变频器间加装隔板。

1.3.5 变频器的主电路及配线

变频器安装除了考虑安装环境、安装方式外，在控制柜内安装时，还需要考虑电磁干扰、配线方式等因素。常用变频器电气连接如图 1-26 所示。

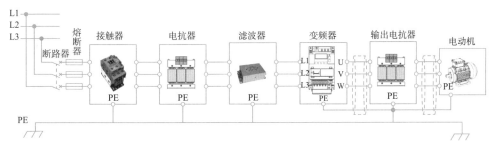

图 1-26　常用变频器电气连接

1. 回路器件

（1）断路器。断路器的主要功能是接通和断开变频器电源，对变频器进行过电流、欠电压保护。

①隔离作用。当变频器维修时，或长时间不用时，将其切断，使变频器与电源隔离以确保安全。

②保护作用。低压断路器具有过电流及欠电压等保护功能，当变频器的输入侧发生短路或电源电压过低时，可迅速进行保护。

（2）熔断器。熔断器用来对变频器进行过电流保护，选用熔断器的额定电流时，一般选用大于电动机额定电流的 1.1~2.0 倍。

（3）交流接触器。交流接触器的功能是在变频器出现故障时切断主电路，并防止掉电及故障后的再启动。按照安装位置的不同，交流接触器可分为输入侧交流接触器和输出侧交流接触器。

输入侧交流接触器安装在变频器的输入端，可以远距离接通和分断三相交流电源。

输出侧交流接触器仅用于和工频切换等特殊情况，一般并不采用，并且输出侧交流接触器动作前需要先停止变频器运行，即变频器没有输出。

（4）交流电抗器。交流电抗器是一个带铁芯的三相电感器。交流电抗器的主要作用是，抑制谐波电流，提高变频器的电能利用效率（可提高功率因数）；在接通变频器的瞬间降低浪涌电流，减小电流对变频器的冲击；减小三相电源不平衡对变频器的影响。

（5）滤波器。输入侧滤波器也就是噪声滤波器，用来削弱高频率的谐波电流，以防止变频器对其他设备的干扰。滤波器主要由滤波电抗器和电容器组成。

（6）制动电阻 R_B。制动电阻及制动单元的功能是当电动机因频率下降或重物下降（如起重机械）而处于再生制动状态时，避免在直流回路中产生过高的泵升电压。

（7）输出电抗器。变频器增加输出电抗器的作用是平衡出线电缆的分布容性负载，增大出线主回路的短路阻抗，并能抑制变频器输出的谐波，起到减小变频器噪声的作用。输出电抗器还能够延长变频器的有效传输距离，有效抑制变频器的 IGBT 模块开关时产生的瞬间高压，降低电机的噪声，降低涡流损耗，保护变频器内部的功率开关器件。

2. 电缆配线

变频器主回路电压高、电流大，所以选择主回路连接导线时，应考虑电流容量、短路保护、电缆压降等因素。一般情况下，变频器输入电流的有效值比电动机电流大。

变频器与电动机之间的连接电缆要尽量短，因为此电缆若距离长，则电压降大，可能会引起电动机转矩的不足。特别是变频器输出频率较低时，其输出电压也较低，线路电压损失所占百分比加大。变频器与电动机之间的线路压降规定不能超过额定电压的 2%。采用专用变频器时，如果有条件对变频器的输出电压进行补偿，则线路压降损失允许值可取为额定电压的 5%。

3. 变频器接地

为了防止漏电和干扰信号侵入或向外辐射，变频器必须良好接地。在接地时，应采用较粗的短导线将变频器的接地端子 PE 端与地连接。当变频器和多台设备一起使用时，每台设备都应分别接地。当变频器为单体型安装时，接地电缆与变频器的接地端子连接；当变频器被设置在配电柜中时，接地电缆则与配电柜的接地端子或接地母线相接。

1.3.6 SINAMICS V20 变频器的安装

1.SINAMICS V20 变频器的特点

SINAMICS V20 变频器是西门子驱动家族的低压变频器，是随着技术的发展，西门子推出的新一代变频器，用来替代即将结束生命周期的 SINAMICS G110 和 MICROMASTER 变频驱动系列，这种替换非常简单，即提供更多的产品优势。SINAMICS V20 系列变频器是基本运动变频器，紧凑、耐用的 V20 变频器适用于泵送、通风、压缩、移动和处理等应用场景，特点是调试时间短，操作简单，具有节能功能和九种规格，功率范围为 0.12~30 kW，适合基本应用的解决方案，简单、耐用和高效，除此之外还具有以下特点。

（1）易于安装。

①穿墙式安装和壁挂式安装均允许并排安装；

②具有 USS（通用串行通信接口）和 Modbus RTU（一种开放的串行传输协议）通信端子；

③7.5~30 kW 变频器集成制动单元；

④符合电磁兼容性（EMC）C1/C2 等级。

（2）易于使用。

①无须连接主电源即可实现参数载入和拷贝；

②内置应用宏与连接宏；

③异常不停机模式可以实现无间断运行；

④手机、平板等移动设备可以轻松地通过无线连接 V20，调试操作直观高效；

⑤较宽的电压范围、先进的冷却设计以及涂层 PCB 板大大提升了变频器的稳定性。

（3）节约成本。

①具有用于 V/f、V^2/f 的节能模式和休眠模式；

②支持能耗和流量监控；

③具有针对外形尺寸 E 的重载模式和轻载模式。

2.SINAMICS V20 变频器的构成

SINAMICS V20 变频器是广泛用于控制三相异步电动机转速的变频器系列，按照供电电压等级可以分为三相交流 400 V 和单相交流 230 V 两种。

（1）SINAMICS V20 三相交流 400 V 变频器有 FSA、FSB、FSC、FSD 和 FSE 五种外形尺寸，支持 0.37~30 kW 功率范围，其外形尺寸和功率对应如表 1-4 所示。

表 1-4 外形尺寸功率对照表 1

外形尺寸	额定功率 /kW	额定输入电流 /A	额定输出电流 /A
FSA（不带风扇）	0.37	1.7	1.3
	0.55	2.1	1.7
	0.75	2.6	2.2
FSA（带风扇）	1.1	4.0	3.1
	1.5	5.0	4.1
	2.2	6.4	5.6
FSB（带一个风扇）	3.0	8.6	7.3
	4.0	11.3	8.8
FSC（带一个风扇）	5.5	15.2	12.5
FSD（带两个风扇）	7.5	20.7	16.5
	11	30.4	25
	15	38.1	31

续表

外形尺寸	额定功率 /kW	额定输入电流 /A	额定输出电流 /A
FSE（带两个风扇）	18.5	45	38
	22	54	45
	30	72	60

（2）SINAMICS V20 单相交流 230 V 变频器有 FSAA、FSAB、FSAC、FSB 和 FSC 五种外形尺寸，支持 0.17~3.0 kW 功率范围，其外形尺寸和功率对应如表 1-5 所示。

表 1-5　外形尺寸功率对照表 2

外形尺寸	额定功率 /kW	额定输入电流 /A	额定输出电流 /A
FSAA（不带风扇）	0.12	2.3	0.9
	0.25	4.5	1.7
	0.37	6.2	2.3
FSAB（不带风扇）	0.55	7.7	3.2
	0.75	10	4.2
FSAC（带一个风扇）	1.1	14.7	6.0
	1.5	19.7	7.8
FSB（带一个风扇）	1.1	14.7	6.0
	1.5	19.7	7.8
FSC（带一个风扇）	2.2	27.2	11
	3.0	32	13.6

3. SINAMICS V20 变频器的安装

SINAMICS V20 变频器应当安装在一个封闭的电气操作环境或电气箱中工，其安装方位应该垂直于安装平面，并确保平面为非易燃平面，如图 1-27 所示。

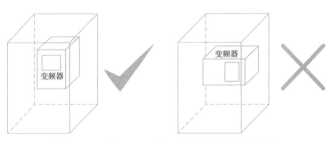

图 1-27　SINAMICS V20 变频器安装方向

SINAMICS V20 变频器可以并排安装，但变频器对箱体边侧的距离有要求：

距离箱体左右两侧距离不小于 15 mm，距离上侧边至少 100 mm，带有风扇外形尺寸 A 的变频器距离下侧边至少 85 mm，不带风扇外形尺寸 A 的变频器和外形尺寸 B 至 E 的变频器距离下侧边至少 100 mm，并且保证箱体内空气可以自下而上流动，如图 1-28 所示。

变频器可以选择不同的安装方式，主要有壁挂式安装、穿墙式安装和导轨式安装三种安装方式。壁挂式安装允许变频器直接安装在电气柜的壁柜底板上，外形尺寸 A 至 D 的变频器都可以采用壁挂式安装。外形尺寸为 B 至 D 的变频器可采用穿墙式安装，也就是变频器装好后散热器可以延伸至电气柜外。通过可选的 DIN 导轨安装套件，用户可以将外形尺寸 AA、AB、AC、A 或 B 的变频器安装到 DIN 轨上。外形尺寸 AA/AB 的壁挂式安装示意图如图 1-29 所示，安装尺寸单位为 mm，安装方法为底板对角线开孔，采用 M4 螺钉紧固安装，安装扭矩为 1.8 N·m±10%。

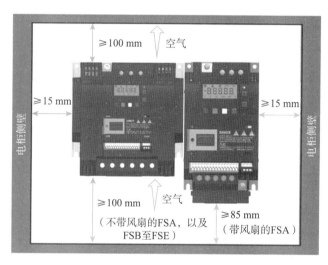

图 1-28　SINAMICS　V20 变频器的安装间距示意图

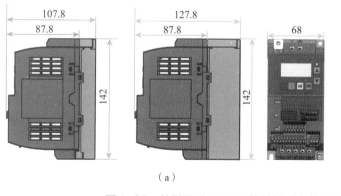

（a）　　　　　　　　　　　　　　　　　　　（b）

图 1-29　外形尺寸 AA/AB 的壁挂式安装示意图
（a）安装尺寸；（b）底板开孔尺寸

笔记

问题与思考

1. 功率二极管按照控制方法分类，属于（　　）器件。

  A. 不可控   B. 半控

  C. 全控   D. 以上都对

2. 晶闸管按照控制方法分类，属于（　　）器件。

  A. 不可控   B. 半控

  C. 全控   D. 以上都对

3. IGBT 按照驱动方式分类，属于（　　）器件。

  A. 电压驱动   B. 电流驱动

  C. 电阻驱动   D. 电桥驱动

4. IGBT 就是（　　）。

  A. 门极可关断晶闸管   B. 电力场效应管

  C. 绝缘栅型晶体管   D. 功率晶体管

5. 变频器就是把工频交流电转换成（　　）、电压均可变的交流电源以供给电动机。

  A. 电流   B. 电阻

  C. 频率   D. 相位

6. 通用变频器的主回路包括整流电路、直流环节、（　　）、制动或回馈环节等。

  A. 稳压电路   B. 放大电路

  C. 逆变电路   D. 控制电路

7. 电动机快速减速时，感应电动机及其负载由于惯性很容易使转差频率 $s<0$，电动机进入（　　）。

  A. 整流   B. 再生制动

  C. 发电   D. 逆变

8. 交 – 直 – 交变频器具有中间直流环节，按照直流环节储能方式不同，变频器可分为（　　）和（　　）变频器。

  A. 电流源型 电压源型   B. 电阻型 电感型

  C. 电阻型 电流源型   D. 电感型 电压源型

9. 变频器按输出电压调节方式不同，可分为（　　）方式和（　　）方式。

  A. PPM PMA   B. PAM PWM

  C. PAM PPM   D. PMA PWM

10. 采用正弦波作为调制波，三角波作为载波，调制波正弦波与载波三角波相比较，得到脉冲宽度按照正弦规律变化的输出脉冲，使输出电压的平均值接近于正弦波，这种控制方式称为（　　）控制。

笔记

A. SPWM　　　　　　　B. PAM

C. PWM　　　　　　　 D. PPI

11. 变频器三相整流电路经过二极管整流后的直流母线电压是（　　）V。

A. 220　　　　　　　　B. 380

C. 513　　　　　　　　D. 400

12. 图 1-30 为变频器主电路结构。

（1）请计算直流母线 U_D 的电压，$u_0=$（　　）V。

（2）请在相应的括号里标出整流、能耗制动和逆变电路。

（3）请在对应的位置标出电源输入 R、S、T。

（4）请在对应的位置标出输出 U、V、W。

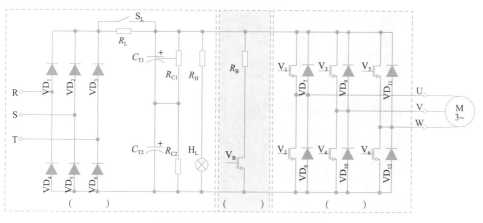

图 1-30　变频器主电路结构图

拓展阅读

IGBT 的中国芯！

工业控制领域、消费电子领域、通信领域等市场虽然占据功率半导体器件市场中较大的份额，但是增速平稳；而光伏风电、新能源汽车等领域在未来的增速比较快，将在功率半导体增量市场中占据比较大的权重。

2017 年京沪线上的复兴号终于成功用上了中车株洲的 IGBT 模块，中国高铁自此实现了全面的自主化。通过收购海外公司与技术引进吸收，我国成功将高铁 IGBT 技术掌握在了自己手中。

新能源汽车的成本构成中，动力电池占比最高，其次则是 IGBT。作为与动力电池电芯齐名的"双芯"之一，IGBT 占整车成本的 7%~10%，是除电池外成本最高的元件。IGBT 属于汽车功率半导体的一种，因设计门槛高、制造技术难、投资大，被业内称为电动车核心技术的"珠穆朗玛峰"。

自从 2009 年成功推出第一代 IGBT 芯片，成功打破国外技术垄断之后，

2018年比亚迪再接再厉推出 IGBT 4.0 芯片，2021年，比亚迪更是推出了 IGBT 6.0 芯片，其采用 90 nm 工艺，成功进入高端汽车芯片领域。

IGBT 获得成功后，比亚迪已投入巨资布局第三代半导体材料 SiC，并将整合材料（高纯碳化硅粉）、单晶、外延、芯片、封装等 SiC 基半导体全产业链，致力于降低 SiC 器件的制造成本，加快其在电动车领域的应用（见图 1-31）。

2019年，比亚迪就有 SiC 产品用于新能源汽车电控领域，并着手在旗下所有电动车中，实现 SiC 基车用半导体对硅基 IGBT 半导体的全面替代，将整车性能在现有基础上再提升 10%。

比亚迪 SiC 基车用半导体的推出和大规模应用，将有助于提高比亚迪的新能源汽车在国际上的竞争力。

图 1-31　汽车半导体

项目 2

SINAMICS V20

变频器的基本操作

笔记

2022 年，国务院印发《"十四五"节能减排综合工作方案》，部署了十大重点工程节能减排的具体目标任务，实现节能降碳减污协同增效、生态环境质量持续改善，确保完成"十四五"节能减排目标，为实现碳达峰、碳中和目标奠定坚实基础。

除尘风机传统的工作方式是通过改变风门大小调节风量，而风机则是满负荷运行，往往会浪费很多电能，对其进行变频改造升级后，利用变频器启动，避免了启动电流对设备和电网的冲击，可以随时启动或停止。经过变频改造后，风机的送风量通过变频技术调节风机的转速来控制，可以根据生产需要随时调节风量，节能率高达 20%~65%。另外，变频改造后，还降低了风机工作强度，延长了设备使用寿命，降低了维修成本。

西门子工业自动化产品中，变频器是重要的驱动装置，广泛适用于各种应用场合、电源等级和需求。SINAMICS 变频器是西门子推出的新一代的变频器，用来替换 MICROMASTER 系列，适用于水泵、风机和压缩机等领域的节能减排，提供更多的产品优势。本项目介绍西门子 SINAMICS V20 变频器的知识和操作。

任务 2.1　SINAMICS V20 变频器端子和面板操作

任务引入

变频器的学习首先要从变频器的操作入手，变频器面板是操作的首要对象，是人机交互的接口。通过对变频器端子的了解，学习者能够初步搭建变频器控制平台，接通变频器电源，驱动三相电动机，还能通过操作面板设置参数完成变频器的功能调试。

本任务的学习目标是初步认识变频器的端子及接线方法，认识变频器面板，掌握通过面板设置参数的方法，会查看运行状态，实现对变频器的运行控制。

2.1.1　主电路端子及接线

SINAMICS V20 变频器的电气接线示意图如图 2-1 所示，分为主电路的电气连接和控制电路的电气连接。变频器的主电路是连接电源和电动机的接口电路，控制电路是连接控制信号的输入和输出的接口电路。

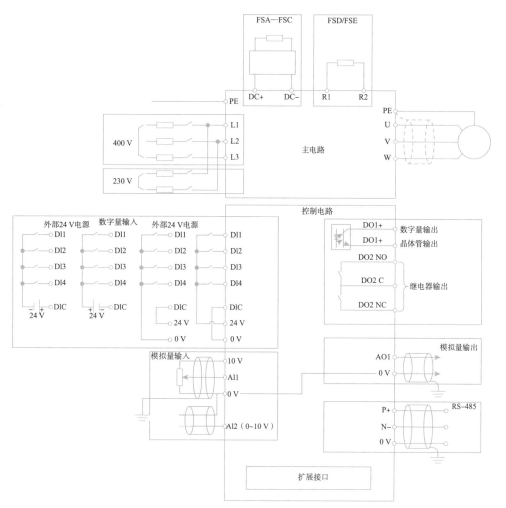

图 2-1   SINAMICS V20 变频器电气接线示意图

　　SINAMICS V20 变频器按照不同的外形尺寸，主电路端子分布稍有区别。SINAMICS V20 变频器的电源允许 400 V 级别输入或 230 V 级别输入，需要在变频器选型时确定。如果是 400 V 输入电源，线路接在端子 L1、L2 和 L3 上；如果是 230 V 输入电源，线路接在端子 L1 和 L2 上，电源输入端子位于变频器的上部。变频器的输出端子 U、V、W 位于变频器的下部，接三相电动机，DC+ 和 DC- 端子是直流母线侧端子。外形尺寸 D 的变频器多了两个制动电阻端子 R1、R2，R1 端子与 DC+ 复用，变频器和电动机外壳接 PE 端子，用作设备的接地保护，SINAMICS V20 变频器 FSA 类型主电路端子图如图 2-2 所示。

　　变频器输入电源线路和电动机输出线路要有足够的载流能力，对电缆的截面积有一定要求。对于 400 V 和 230 V 输入的两个系列变频器，电源输入、输出电缆及 PE 接地线电缆截面积应不小于 $1mm^2$。

图 2-2　SINAMICS V20 变频器 FSA 类型主电路端子图

2.1.2　控制电路端子及接线

SINAMICS V20 变频器的控制电路接口，能够实现与外部器件的连接、控制信号的输入和变频器状态信号的输出。

用户可以通过变频器的端子连接外部电路和控制元件，实现与变频器的连接和控制功能。变频器外形尺寸不同，则端子安排和名称也不同。SINAMICS V20 变频器根据外形尺寸有两种端子排列方式，一种是外形尺寸是 FSAA/FSAB 的控制端子配置，如图 2-3（a）所示，另一种是外形尺寸是 FSA 至 FSE 的控制端子配置，如图 2-3（b）所示。

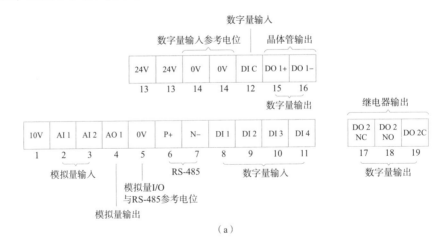

（a）

（b）

图 2-3 SINAMICS V20 变频器控制端子配置图

（a）外形尺寸是 FSAA/FSAB 的控制端子配置图；（b）外形尺寸是 FSA 至 FSE 的控制端子配置图

SINAMICS V20 变频器的控制电路端子主要有电源端子、输入端子、输出端子和通信端子四种类型，既有数字量输入和输出，也有模拟量输入和输出，端子明细如表 2-1 所示。

表 2-1 SINAMICS V20 变频器端子明细

信号类型	端子编号	端子标记	功能
模拟量电源	1	10 V	以 0 V 为参考电压的 10 V 输出
模拟量输入	2	AI1	单端双极性电流和电压模式，电压输入范围 –10~10 V，电流输入范围 0~20 mA（4~20 mA 可配置）
	3	AI2	单端单极性电流和电压模式，电压输入范围 0~10 V，电流输入范围 0~20 mA（4~20 mA 可配置）
模拟量输出	4	AO1	单端双极性电流模式，电流输入范围 0~20 mA（4~20 mA 可配置）
	5	0 V	RS-485 通信及模拟量输入/输出参考电位
RS-485 通信	6	P+	RS-485 P+
	7	N–	RS-485 N–
数字量输入	8	DI1	数字量输入 1，NPN 或 PNP 输入
	9	DI2	数字量输入 2，NPN 或 PNP 输入
	10	DI3	数字量输入 3，NPN 或 PNP 输入
	11	DI4	数字量输入 4，NPN 或 PNP 输入
	12	DIC	数字量输入公共端
数字量电源	13	+24 V	以 0 V 为参考电位的 24 V 输出
	14	0 V	数字量输入参考电位

笔记

✏️ 笔记

信号类型	端子编号	端子标记	功能
数字量输出（晶体管）	15	DO1+	数字量输出 1+，晶体管输出类型
	16	DO1–	数字量输出 1–，晶体管输出类型
数字量输出（继电器）	17	DO2 NC	数字量输出 2 常闭，继电器输出类型
	18	DO2 NO	数字量输出 2 常开，继电器输出类型
	19	DO2 C	数字量输出 2 公共端，继电器输出类型

2.1.3　SINAMICS V20 变频器操作面板认识

SINAMICS V20 变频器在标准供货方式时提供内置的基本操作面板（BOP），面板各部分的结构如图 2-4 所示。SINAMICS V20 变频器内置 BOP 上除了一个 LED 灯外，还包括按键和 LCD 显示区域。用户可以利用该面板实现与变频器的人机交互，使变频器的现场应用更加灵活。

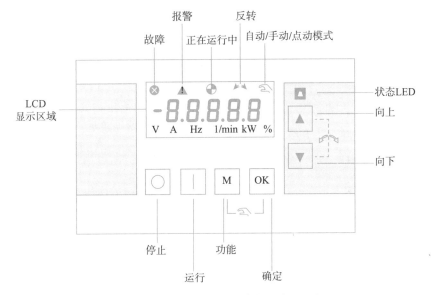

图 2-4　SINAMICS V20 变频器内置面板

基本操作面板大致可以分为按键和显示两个区域，使用按键控制变频器的运行，设置参数，实现菜单切换等功能，显示区域可以显示参数或变频器的状态。变频器出厂时，已经预置了默认参数，现场应用时可根据需要进行参数设置。

1. 基本操作面板按键功能

BOP 按键具有独立操作功能或组合在一起实现的组合功能，具体功能如表 2-2 所示。SINAMICS V20 变频器操作面板的按键与以往的变频器操作面板相比，组成更加简洁，但功能更加多样，同时操作多样化，有短按（< 2 s）操作，也有长按（>2 s）操作，还有组合按键操作，用户在操作的时候需要了解各指令的功能，才能灵活运用按键。

 笔记

表 2-2   SINAMICS V20 BOP 按键功能说明表

按键		说明
O		停止变频器
	单击	"手动"模式下的 OFF1 停车方式
	双击	OFF2 停车方式：电机不采用任何谐波下降时间，按惯性自由停车
I		在"手动 / 点动"模式下启动变频器
		多功能按钮
M	短按 （<2 s）	进入参数设置菜单或转至下一显示画面； 就当前所选项重新开始按位编辑； 返回故障代码显示画面； 在按位编辑模式下连按两次即撤销变更并返回
	长按 （>2 s）	返回状态显示画面； 进入设置菜单
OK	短按 （<2 s）	在状态显示数值间切换； 进入数值编辑模式或换至下一位清除故障； 返回故障代码显示画面
	长按 （>2 s）	快速编辑参数号或参数值； 访问故障信息数据
M + **OK**		按下该组合键在"手动"模式（显示手形图标）/"点动"模式（显示闪烁的手形图标）/"自动"模式（无图标）间切换。 注意：只有当电机停止运行时才能启用"点动"模式
▲		浏览菜单时向上选择，增大数值或设定值； 长按（>2 s）快速增大数值
▼		浏览菜单时向下选择，减小数值或设定值； 长按（>2 s）快速减小数值
▲ + **▼**		使电机反转

2.SINAMICS V20 变频器信息标识

（1）LCD 显示标识。操作面板 LCD 区域具有 5 位显示信息，用于显示参数的序号和数值，报警和故障信息以及该参数的设定值和实际值，如表 2-3 所示。

表 2-3　操作面板 LCD 显示信息含义表

屏幕信息	显示	含义
"88888"	88888	变频器正在执行内部数据处理
"- - - - -"	- - - - -	操作未完成或无法执行
"Pxxxx"	P0304	可改写参数
"rxxxx"	r0026	只读参数
"inxxx"	in001	参数下标
"Exxx"	E631	十六进制格式的参数值
"bxxx"	b06 0	二进制格式的参数值
"Fxxx"	F395	故障代码
"Axxx"	A930	报警代码
"Cnxxx"	Cn001	可设置的连接宏
"-Cnxxx"	-Cn011	当前选定的连接宏
"APxxx"	AP030	可设置的应用宏
"-APxxx"	-AP010	当前选定的应用宏

在 LCD 区域还能够用图标的形式直观显示变频器的运行状态，图标含义如表 2-4 所示。

表 2-4　变频器 LCD 显示图标含义

图标	说明
⊗	变频器存在至少一个未处理故障
⚠	变频器存在至少一个未报警故障
◐ :	变频器在运行中（电机频率可能为 0）
◐ （闪烁）	变频器可能被意外上电（如霜冻保护模式时）
↩	电动机正反转
✋	变频器处于"手动"模式
✋ （闪烁）	变频器处于"点动"模式

笔记

（2）LED 状态。SINAMICS V20 变频器只有一个 LED 指示灯，用来显示变频器的当前状态，LED 指示灯为三色显示，可以显示橙色、绿色或红色。LED 指示灯的状态根据变频器的状态不同而变化，用三种颜色加以区分，另外，还使用颜色＋闪烁来表示状态，如表 2-5 所示。

表 2-5　变频器 LED 状态指示灯指示明细

变频器状态	LED 颜色	
上电	橙色	
准备就绪（无故障）	绿色	
调试模式	绿色，0.5 Hz 缓慢闪烁	
发生故障	红色，2 Hz 快速闪烁	
参数克隆	橙色，1 Hz 闪烁	

2.1.4　SINAMICS V20 变频器的菜单结构

SINAMICS V20 的内置 BOP 集显示和操作为一体，具备显示多样性、功能多样性及操作简洁性，这些体现出其具有较好的人机交互性。LCD 显示采用层级菜单的结构，共有 4 个菜单，如表 2-6 所示。

表 2-6　SINAMICS V20 变频器菜单

菜单	说明
50/60 Hz 频率选择菜单	第一次上电或工厂复位后有效
主菜单	
显示菜单（默认显示）	基本关键参数的浏览（例如，频率、电压、电流、DC 母线电压等）
设置菜单	处理变频器快速调试参数
参数菜单	处理变频器所有有效参数

变频器首次上电或完成工厂复位操作后，显示 50/60 Hz 频率选择菜单。50/60 Hz 频率选择菜单仅在变频器首次开机时或工厂复位后可见，用户可以通过 BOP 选择频率或者不做选择直接退出该菜单，此菜单只有在变频器进行工厂复

笔记

位后才会再次显示。用户也可以通过设置参数 P0100 的值选择电机额定频率。

50/60 Hz 频率选择菜单可以根据电机使用地区设置电机的基础频率，通过此设置来确定功率数值的单位，以 kW 或 hp 表示，默认电机频率为 50 Hz，欧洲地区功率单位 kW。

用户通过 50/60 Hz 频率选择菜单确定电机频率后，会进入设置菜单。如果不做频率选择，则退出 50/60 Hz 频率选择菜单，进入显示菜单，具体操作如图 2-5 所示。

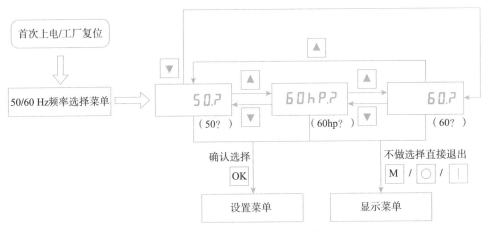

图 2-5　50/60 Hz 频率选择菜单操作

变频器在首次上电或工厂复位后，会进入 50/60 Hz 频率选择菜单。进行相应的选择操作后，会进入设置菜单或显示菜单。另外，设置菜单还包括参数菜单。变频器的菜单结构如图 2-6 所示。

显示菜单是默认主菜单。通过显示菜单可以浏览变频器的主要参数，例如频率、电压、电流、DC 母线电压等。设置菜单主要用来处理变频器快速调试使用到的参数。参数菜单只能由显示菜单进入，参数菜单可以处理变频器所有有效参数。了解了 SINAMICS V20 变频器的菜单结构，通过按键可以在菜单之间进行快速切换，也可以在菜单内进行切换，完成对变频器的操作。

（1）菜单间的切换。

①在首次上电或工厂复位后，短按 M 键或 ● 键或 ▮ 键进入显示菜单。

②在首次上电或工厂复位后，短按 OK 键进入设置菜单。

③在显示菜单下，短按 M 键进入参数菜单，在参数菜单下，长按 M 键进入显示菜单。

④显示菜单和设置菜单之间的切换通过长按 M 键实现。

（2）菜单内部的切换。

①进入变频器显示菜单，可以通过 OK 键在浏览的参数之间进行切换，依次显示输出频率（Hz）、输出电压（V）、输出电流（A）、直流母线电压（V）、频率

设定值（Hz），此时，变频器的 LED 绿色指示灯常亮。

②进入设置菜单，可以通过 M 键完成快速调试步骤，依次进行电机数据设置、连接宏设置、应用宏设置和常用参数设置，也可以循环操作，此时的 LED 指示灯显示绿色闪烁。

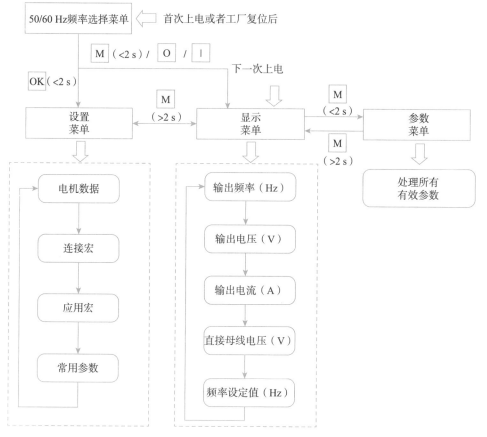

图 2-6　SINAMICS V20 变频器菜单结构

2.1.5　变频器恢复出厂默认设置

SINAMICS V20 变频器具有保存用户默认设置的功能，设置参数 P0971=21 将变频器当前状态保存为用户默认参数设置，需要的时候可以调出使用。

在变频器首次上电或参数设置混乱时，需要执行参数复位操作，将变频器的参数恢复到默认参数，恢复参数值到一个确定的默认值，以便执行后续操作。SINAMICS V20 变频器恢复出厂默认设置步骤如下。

（1）接通变频器电源并进入显示菜单。

（2）短按 M 键切换至参数菜单。

（3）按下 ▲ 键或 ▼ 键选择 P0010 并按下 OK 键，设置 P0010=30。

笔记

（4）按下 ▲ 键选择 P0970 并按下 OK 键，设置 P0970=1 或 P0970=21。

SINAMICS V20 变频器恢复默认设置有出厂默认和用户默认两个设置，可以通过参数 P0970 进行设置，如表 2-7 所示。将参数 P0970 设置为 1，如果用户存储了默认设置，参数复位为已存储的用户默认设置，否则复位为出厂默认设置。将参数 P0970 设置为 21，表示参数复位为出厂默认设置，同时清除已存储的用户默认设置。

表 2-7　SINAMICS V20 变频器恢复默认设置参数明细

参数	功能	设置值
P0003	用户访问级别	=1（标准用户访问级别）
P0010	调试参数	=30（出厂设置）
P0970	复位	=1：参数复位为已存储的用户默认设置，如未存储则复位为出厂默认设置（恢复用户默认设置） =21：参数复位为出厂默认设置并清除已存储的用户默认设置（恢复出厂默认设置）

设置参数 P0970 后，可以观察到变频器会显示"88888"字样，且随后显示"P0970"。这时，参数 P0970 及 P0010 自动复位至初始值 0，表示复位完成。

2.1.6　BOP 修改设置参数

1. 变频器参数组

SINAMICS V20 变频器的参数分为命令参数组（CDS），与电机、负载相关的驱动参数组（DDS）和其他参数组三种。

变频器的命令参数组（CDS）中集合了用于定义命令源和设定值源的参数，而驱动参数组（DDS）中则包含用于电机的开/闭环控制的参数。其中每个 CDS 和 DDS 参数又分为三组，默认状态下使用的参数组是第 0 组参数，即 CDS0 和 DDS0。

三个参数组分别用来存储不同的参数值，可以进行选择，使用户可以根据不同的需求在一个变频器中设置多种驱动和控制的配置，并在适当的时候根据需要进行切换，例如，在命令参数组之间切换，可以使用不同的信号源来操作变频器，而在驱动参数组之间切换，则可以实现变频器变换不同配置，包括控制类型、电机灯的切换。每种参数组分别有三组独立的设置，通过具体参数的下标 [0…2] 可以实现各组设置。

（1）命令参数组的切换。通过 BICO 参数 P0810 和 P0811 可在不同的命令参数组之间切换，参数 r0050 显示当前激活的命令参数组。变频器处于"就绪"或"运行"状态时，可切换命令参数组。

P0810 和 P0811 可以连接两个二进制信号用于命令参数组切换。

① P0810=0、P0811=0；CDS0 被选择，也就是 P0700[0] 和 P1000[0] 设置参数生效。

② P0810=1、P0811=0；CDS1 被选择，也就是 P0700[1] 和 P1000[1] 设置参数生效。

（2）驱动参数组的切换。通过 BICO 参数 P0820 和 P0821 可在不同的驱动参数组之间切换，参数 r0051 显示当前激活的驱动参数组。只有在变频器处于"就绪"状态时，才可以切换驱动参数组。

（3）其他参数组。其他参数有多下标参数和无下标参数，多下标参数均带有一组下标，下标范围视具体参数而定。无下标参数不带任何下标。

2. BICO 互联技术

BICO 功能是一种很灵活地把变频器内部输入和输出功能联系在一起的设置方法，是西门子变频器特有的功能，可以方便客户根据实际工艺需求来灵活定义端口。

在变频器的参数表中，有些参数名称的前面冠有"BI""BO""CI""CO""CO/BO"的字样，这些字样含义如下。

（1）BI（二进制互联输入），即参数可以选择和定义输入的二进制信号，通常与"P 参数"相对应。

（2）BO（二进制互联输出），即参数可以选择输出的二进制功能，或作为用户定义的二进制，通常与"r 参数"相对应。

（3）CI（模拟量互联输入），即参数可以选择模拟量信号源，作为输入，每个 CI 可以和任何 CO 或 CO/BO 参数连接，通常与"P 参数"相对应。

（4）CO（模拟量互联输出），即参数可以选择模拟量信号源，作为输出，每个 CO 可以和任何 CI 参数连接，通常与"r 参数"相对应。

（5）CO/BO（模拟量互联输出 / 二进制互联输出），参数可以连接模拟量信号，也可以连接二进制信号，每个 CO/BO 参数可以作为任何 BI 和 CI 参数的输出。

BI 参数可以与 BO 参数相连接，只要将 BO 参数值添加到 BI 参数中即可。例如：BO 参数 r0751，BI 参数 P0731，P0731 → P0731=751，意思是将模拟的输入状态通过继电器的输出显现出来，为监控模拟的输入状态提供便利。

CI 参数可以与 CO 参数相连接，只要将 CO 参数值添加到 CI 参数中即可。例如：CO 参数 21，CI 参数 P0771，P0771 → P0771=21，这就将变频器的实际频率状态通过模拟量输出 1 显示出来，为监控变频器的实际频率提供便利。

3. 参数编辑方法

变频器的参数号是参数的编号，用 0000~9999 四位数表示，以字母 r 开头的

笔记

参数表示为只读参数，以字母 P 开头的参数为用户可以改写的参数。SINAMICS V20 变频器参数编辑通常有常规参数编辑和按位编辑参数两种方法。

（1）常规参数编辑方法。常规参数的编辑方法适用于对参数号、参数下标或参数值进行较小变更的情况，主要利用增加键、减小键、OK 键和 M 键调整设置，如图 2-7 所示，从参数 P0003 找到参数 P0010，修改参数值为 30。

①按 ▲ 或 ▼ 键小于两秒缓慢增大或减小参数号、参数下标或参数值。

②按 ▲ 或 ▼ 键大于两秒快速增大或减小参数号、参数下标或参数值。

③按 ◎ 键确认设置。

④按 Ｍ 键取消设置。

（2）按位编辑参数方法。按位编辑可用于编辑参数号、参数下标或参数值。此编辑方法适用于需要对参数号、参数下标或参数值进行较大变更的情况，可以提高编辑调试效率，例如，从较小的参数号切换到较大的参数号时可以采用此方法。如图 2-8 所示，采用按位编辑方法，从参数 P0003 快速找到参数 P0947。

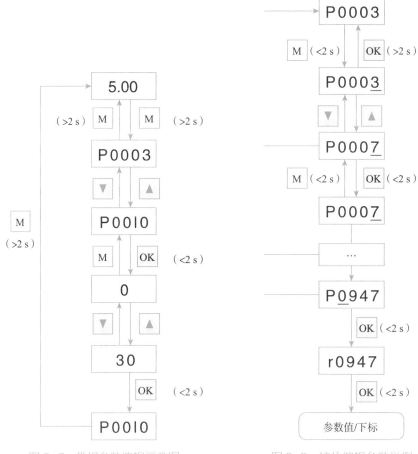

图 2-7　常规参数编辑示意图　　　　图 2-8　按位编辑参数举例

①在任何编辑或显示模式下，长按（>2 s）◎ 键即可进入按位编辑模式。按

位编辑始终从最右边的数字开始。

②短按 <kbd>OK</kbd> 键可依次选定每一位数字。

③按 <kbd>M</kbd> 键一次，光标移至当前编辑条目的最右位。连续按 <kbd>M</kbd> 键两次，退出按位编辑模式且不保存对当前编辑条目的更改。

④在光标位于最左位时按 <kbd>OK</kbd> 键即可保存当前数值。

⑤将当前编辑数值的最左位数字增大到9以上，即可在其左侧再增加一位数字。

⑥按 <kbd>▲</kbd> 键或 <kbd>▼</kbd> 键大于两秒进入快速数字滚动模式。

技能训练

变频器 BOP 基本操作

1. 训练目的

（1）熟悉变频器操作面板的功能。

（2）认识变频器初次上电或复位后的状态。

（3）认识变频器运行模式，会通过操作面板进行变频器各种模式的切换。

（4）会使用变频器操作面板进行参数设置。

（5）会操作变频器面板观察运行参数。

2. 训练要求

（1）熟悉变频器操作面板上各按键的功能。

（2）会使用变频器操作面板显示区域观察操作及运行情况。

（3）能够上电完成变频器复位操作。

（4）能够从变频器初次上电或复位状态切换到设置菜单。

（5）能够按位编辑参数号，按位编辑参数下标，按位编辑参数值。

3. 训练准备

SINAMICS V20 变频器 BOP 基本操作所需主要器件如表2-8所示。

表 2-8　变频器基本操作器件表

序号	名称	备注
1	断路器	2P-10 A/230 V
2	SINAMICS V20 变频器	6SL3210-5BB12-5UV1（AC200~240 V，4.5 A，50 Hz）
3	三相异步电动机	额定电流 0.3 A，额定功率 60 W，额定频率 50 Hz，额定转速 1430 rpm，功率因数 0.85
4	接线工具及线缆	主电路 1.5 mm²，十字螺丝刀，压线钳等

笔记

笔记

4. 电路连接

按照图 2-9 所示，连接 SINAMICS V20 变频器的电源和电动机的线路，L1、L2 接单相 220 V 交流电源，U、V、W 接三相异步电动机，电动机按照星形连接。注意不要将变频器电源输入和电动机输出接反。检查变频器主电路无误后，闭合 QF1，变频器上电显示。

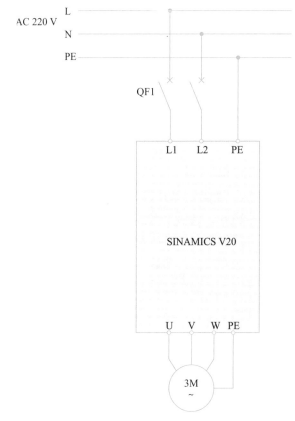

图 2-9　SINAMICS V20 变频器主电路原理图

5. 菜单切换

按照图 2-10 所示方法，完成菜单之间的切换。

（1）在变频器初始上电状态或工厂复位状态切换到设置菜单。

（2）在变频器初始上电状态或工厂复位状态切换到显示菜单。

（3）在变频器设置菜单切换到显示菜单，在显示菜单查看变频器频率设定值、输出频率、输出电压、输出电流、直流母线电压等参数。

（4）在变频器显示菜单切换到参数菜单，从参数菜单切换到显示菜单。

6. 变频器复位，恢复出厂设置

切换到参数菜单，按照常规参数编辑方法，设置 P0010=30，P0970=1。

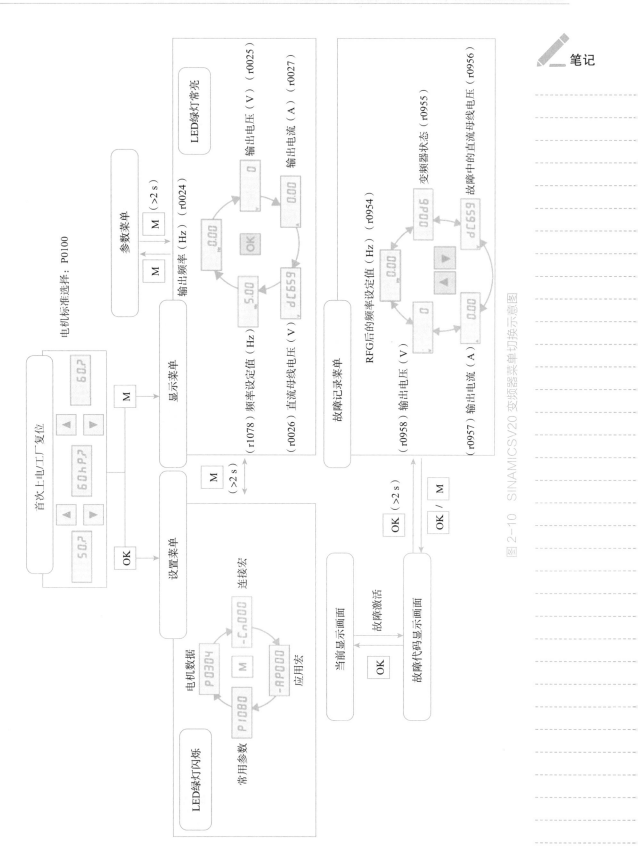

图 2-10　SINAMICS V20 变频器菜单切换示意图

笔记

7. 变频器参数设置

按照按位编辑参数号的方法，找到参数 P1120，将其修改为 5。

8. 考核与评价

SINAMICS V20 变频器内置 BOP 基本操作考核评价如表 2-9 所示。

表 2-9　SINAMICS V20 变频器内置 BOP 基本操作考核评价表

任务			
序号	评价内容	权重 /%	评分
1	正确连接电源、变频器与电动机的硬件线路	10	
2	正确认知变频器的操作面板功能	10	
3	变频器菜单模式之间的正确切换	15	
4	正确识读变频器的运行参数和图标含义	10	
5	正确完成变频器复位	20	
6	正确按位编辑参数	15	
7	合理施工，操作规范，在规定时间完成任务	10	
8	无旷课、迟到现象，团队意识强（工具保管、使用、收回情况，设备摆放情况，场地整理情况）	10	
总分			
日期	学生	教师	

📖 问 题 与 思 考

1. 填写图 2-11 所示 SINAMICS V20 变频器内置 BOP 各区域名称。

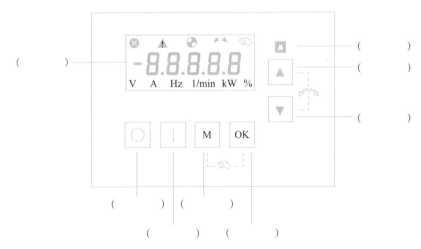

图 2-11　SINAMICS V20 变频器内置 BOP 示意图

2. 请说明图 2-12 所示图标的含义。

①_____

②_____

③_____

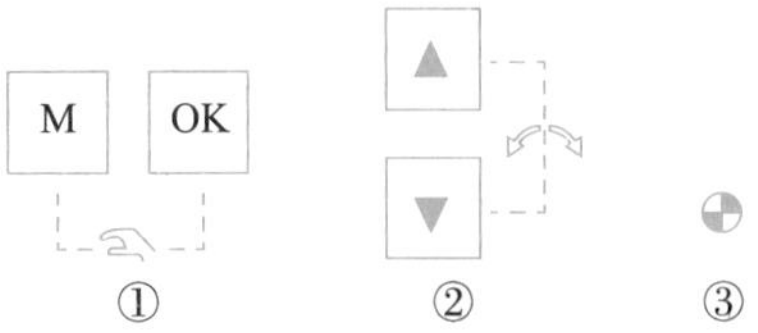

图 2-12　SINAMICS V20 变频器图标

3.SINAMICS V20 变频器内置 BOP 主菜单由_____、_____和_____菜单构成。

4. 变频器首次上电或完成工厂复位操作后，显示_____菜单。通过_____菜单可以浏览变频器的主要参数，例如，频率、电压、电流、DC 母线电压等。

5. SINAMICS V20 变频器只有一个 LED 状态指示灯，LED 显示橙色，表示变频器为_____状态。

6. SINAMICS V20 变频器只有一个 LED 状态指示灯，LED 显示绿色，表示变频器为_____状态。

7. SINAMICS V20 变频器只有一个 LED 状态指示灯，LED 显示红色，2 Hz 快速闪烁，表示变频器为_____状态。

8. SINAMICS V20 变频器复位，恢复出厂设置，需要设置参数_____和_____。

9. SINAMICS V20 变频器使用_____+_____组合键可以实现手动模式和自动模式的切换。

10. SINAMICS V20 变频器复位参数为用户默认设置，需要将参数 P0970 设置为_____。

任务 2.2　SINAMICS V20 BOP 控制电动机运行

任务引入

使用 SINAMICS V20 内置 BOP 调试是变频器较为便捷的调试方式，如果需要满足对电动机的控制功能，面板操作方式是变频器操作方式中的首选。用户通过面板操作，能够完成变频器的基本操作，同时观察变频器运行状态。

本任务的学习目标是掌握变频器快速调试的方法，能够通过 BOP 对变频器完成快速调试，操作 BOP 控制电动机运行，实现点动、正反转连续运行等功能。

2.2.1　通过设置菜单进行快速调试

变频器的快速调试就是设置电动机参数，设置变频器的命令给定方式和频率给定方式，是能够简单快速运转电机的一种调试模式。一般是在变频器复位操作后或者更换电动机后需要进行此操作。

笔记

SINAMICS V20 变频器快速调试有两种方式：一种是通过设置菜单进行快速调试；另一种是通过参数菜单进行快速调试。两种方式实现的功能都是一样的。

　　SINAMICS V20 变频器的设置菜单以引导方式执行变频器快速调试所需的主要步骤。该菜单由电机数据、连接宏、应用宏和常用参数四个子菜单组成，如表 2-10 所示。

表 2-10　设置菜单的子菜单

序号	子菜单	功能
1	电机数据	设置用于快速调试的电机额定参数
2	连接宏	选择所需要的宏进行标准接线
3	应用宏	选择所需要的宏用于特定应用场景
4	常用参数	设置必要的参数以实现变频器性能优化

　　由显示菜单可以进入设置菜单完成快速调试。如果是在参数菜单，则需要先返回显示菜单，再进入设置菜单。完成快速调试的四个子菜单参数设置及选择，具体操作步骤如图 2-13 所示。

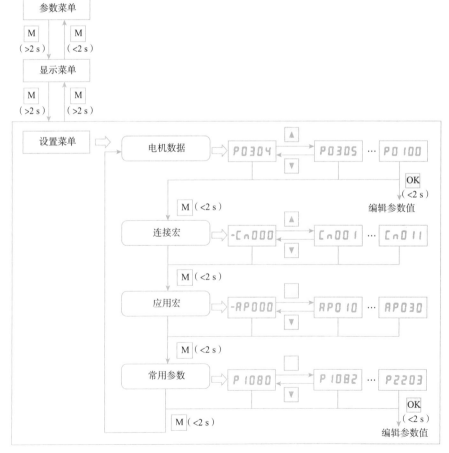

图 2-13　设置菜单快速调试步骤

（1）设置电机数据。用户通过此菜单可轻松设置电机铭牌数据。* 标记的参数需要按照电机铭牌设置，相关参数设置如表 2-11 所示。

笔记

表 2-11　电机参数设置说明表

参数	访问级别	功能
P0100	1	50/60 Hz 频率选择 =0：欧洲（kW），50 Hz（工厂缺省值） =1：北美（hp），60 Hz =2：北美（kW），60 Hz
P0304[0] *	1	电机额定电压（V） 请注意输入的铭牌数据必须与电机接线（星形 / 三角形）一致
P0305[0] *	1	电机额定电流（A） 请注意输入的铭牌数据必须与电机接线（星形 / 三角形）一致
P0307[0] *	1	电机额定功率（kW / hp） P0100=0 或 2，电机功率（kW） P0100=1，电机功率（hp）
P0308[0]*	1	电机额定功率因数（cos φ） 仅当 P0100=0 或 2 时可见
P0309[0] *	1	电机额定效率（%） 仅当 P0100=1 时可见 此参数设为 0 时内部计算其值
P0310[0] *	1	电机额定频率（Hz）
P0311[0] *	1	电机额定转速（rpm）
P1900	2	选择电机数据识别 =0：禁止 =2：静止时识别所有参数

电机参数设置完成，参数 P1900 选择电机数据识别功能，对于标配的西门子电机能够实现电机参数的识别，使其运行在最佳状态。

（2）设置连接宏。SINAMICS V20 变频器为方便用户设置参数和调试，使用了宏的方法来实现参数的批量设置。用户可以通过连接宏菜单选择所需要的宏来实现标准接线，用户不需要再对宏所对应的连接线进行参数设置。

电机数据设置完成，短按 M 键进入连接宏选择菜单，用户可以选择所需要的连接宏来实现标准接线。连接宏缺省值为 "–Cn000"，即连接宏 0，为出厂默认设置，就是不改变任何参数。在连接宏菜单里，使用增加或减小键来选择连接宏，步骤如图 2-14 所示。

笔记

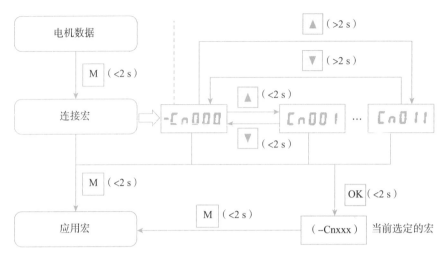

图 2-14　设置连接宏的步骤

（3）设置应用宏。SINAMICS V20 变频器定义了一些常见应用宏。每个应用宏都是针对某个特定的应用场合，提供一组相应的参数设置。在选择了一个应用宏后，变频器会自动应用该宏的设置，从而简化调试过程。用户在使用时，可以根据应用场景选择最为接近的应用宏，并根据需要做进一步的参数更改。

应用宏缺省值为"–AP000"，即应用宏 0，不改变任何参数。设置应用宏的步骤如图 2-15 所示。

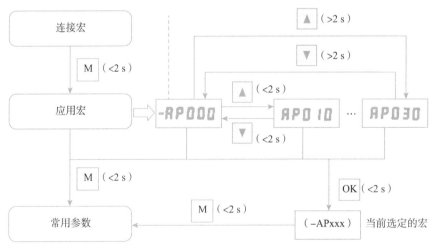

图 2-15　设置应用宏的步骤

（4）设置常用参数。用户可以通过此菜单进行常用参数的设置，从而实现变频器的性能优化，变频器常用参数如表 2-12 所示，默认第 0 组参数。

表 2-12　变频器常用参数

参数	访问级别	功能
P1080[0]	1	最小电机频率（Hz）
P1082[0]	1	最大电机频率（Hz）
P1120[0]	1	斜坡上升时间（s）
P1121[0]	1	斜坡下降时间（s）
P1058[0]	2	正向点动频率（Hz）
P1060[0]	2	点动斜坡上升时间（s）
P1001[0]	2	固定频率设定值 1（Hz）
P1002[0]	2	固定频率设定值 2（Hz）
P1003[0]	2	固定频率设定值 3（Hz）
P2201[0]	2	固定 PID 频率设定值 1（Hz）
P2202[0]	2	固定 PID 频率设定值 2（Hz）
P2203[0]	2	固定 PID 频率设定值 3（Hz）

2.2.2　通过参数菜单进行快速调试

SINAMICS V20 变频器也提供直接通过参数菜单编辑参数的方式实现快速调试。

首先进入参数显示菜单，设置参数如表 2-13 所示，用户访问级别为标准级所设置的主要参数，用户访问级别不同，设置的参数有所不同，级别越高，能够设置的参数越多，其中，* 标记的参数需要按照电机铭牌设置。

表 2-13　参数菜单快速调试设置参数

参数	功能	设置
P0003	用户访问级别	=2（标准级别）
P0010	调试参数	=1（快速调试）
P0100	50/60 Hz 频率选择	根据需要设置参数值 =0：欧洲（kW），50 Hz（工厂缺省值） =1：北美（hp），60 Hz =2：北美（kW），60 Hz

笔记

笔记

参数	功能	设置
P0304[0] *	电机额定电压 /V	范围：10~2000 说明：输入的铭牌数据必须与电机接线（星形 / 三角形）一致
P0305[0]*	电机额定电流 /A	范围：0.01~10000 说明：输入的铭牌数据必须与电机接线（星形 / 三角形）一致
P0307[0]*	电机额定功率 /kW 或 hp	范围：0.01~2000 说明：若 P0100=0 或 2，电机功率单位为 kW；若 P0100=1，电机功率单位为 hp
P0308[0]*	电机额定功率因数（cos φ）	范围：0.000~1.000 说明：此参数仅当 P0100=0 或 2 时可见
P0309[0]*	电机额定效率 /%	范围：0.0~99.9 说明：仅当 P0100=1 时可见 此参数设为 0 时内部计算其值
P0310[0]	电机额定频率 /Hz	范围：12~550
P0311[0]*	电机额定转速 /rpm	范围：0~40000
P0700[0]	选择命令源	=0：工厂缺省值 =1：操作面板 =2：端子 =5：RS-485 上的 USS/Modbus
P1000[0]	频率给定选择	范围：0~77（工厂缺省值：1） =0：无主设定值 =1：MOP 设定值 =2：模拟量设定值 =3：固定频率 =5：RS-485 上的 USS/Modbus =7：模拟量设定值为 2 其他设定值参见变频器手册
P1080[0]	最小电机频率	范围：0.00~599.00（工厂缺省值：0.00） 说明：此参数中所设定的值对正转和反转都有效
P1082[0]	最大电机频率	范围：0.00~599.00（工厂缺省值：50.00） 说明：此参数中所设定的值对正转和反转都有效
P1120[0]	斜坡上升时间	范围：0.00~650.00（工厂缺省值：10.00） 说明：此参数中所设定的值表示在不使用圆弧功能时使电机从停车状态加速至电机最大频率（P1082）所需的时间
P1121[0]	斜坡下降时间	范围：0.00~650.00（工厂缺省值：10.00） 说明：此参数中所设定的值表示在不使用圆弧功能时使电机从电机最大频率（P1082）减速至停车状态所需的时间

续表

参数	功能	设置
P1300[0]	控制方式	=0：具有线性特性的 *V/f* 控制（工厂缺省值） =1：带 FCC（磁通电流控制）的 *V/f* 控制 =2：具有平方特性的 *V/f* 控制 =3：具有可编程特性的 *V/f* 控制 =4：具有线性特性的 *V/f* 控制（带节能功能） =5：用于纺织应用的 *V/f* 控制 =6：带 FCC 的用于纺织应用的 *V/f* 控制 =7：具有平方特性的 *V/f* 控制（带节能功能） =19：带独立电压设定值的 *V/f* 控制
P1900	选择电机数据识别	=0：禁止 =2：静止时识别所有参数
P3900	快速调试结束	=0：不快速调试（工厂缺省值） =1：结束快速调试并执行工厂复位 =2：结束快速调试 =3：仅对电机数据结束快速调试 说明：在计算结束之后，P3900 及 P0010 自动复位至初始值 0。变频器显示"8.8.8.8.8"表明其正在执行内部数据处理

技能训练

变频器 BOP 控制电动机运行

1. 训练目的

（1）熟悉变频器基本操作面板的功能。

（2）会使用基本操作面板进行参数设置。

（3）掌握基本操作面板快速调试变频器的方法。

（4）会使用基本操作面板驱动电动机运行并观察变频器运行参数。

2. 训练要求

利用变频器操作面板上的按键控制变频器启动、停止及正反转运行。

（1）电动机正转运行。按下变频器操作面板上的 █ 键，变频器正转启动，经过 10 s，变频器稳定运行在 25 Hz。

（2）电动机调速。变频器进入稳定运行状态后，通过变频器操作面板上的 ▲ 和 ▼ 键可以在 0~50 Hz 之间调速。如果按下 █ 键，经过 10 s，电动机将从 25 Hz 运行到停止。

（3）电动机反转运行。按反转键，电动机还可以按照正转的相同启动时间、相同稳定运行频率，以及相同停止时间进行反转。

笔记

笔记

（4）电动机点动运行。在 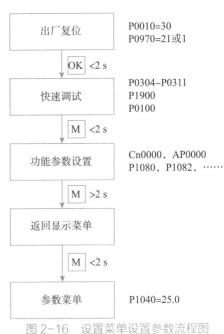（闪烁）点动模式下，电动机能以 10 Hz 的频率正向点动运行。

3. 训练准备

SINAMICS V20 变频器快速调试需要的主要器件如表 2-14 所示。

表 2-14　变频器快速调试需要的主要器件表

序号	名称	备注
1	断路器	2P-10 A/230 V
2	SINAMICS V20 变频器	6SL3210-5BB12-5UV1（1 AC200~240 V，0.25 kW，1.7 A，FSAA）
3	三相异步电动机	额定电流 0.3 A，额定功率 60 W，额定频率 50 Hz，额定转速 1430 rpm，功率因数 0.85
4	接线工具及线缆	主电路 1.5 mm²，十字螺丝刀，压线钳等

4. 电路连接

电路连接参考任务 2.1 技能训练图 2-9，连接 SINAMICS V20 变频器的电源和电动机的连线，L1、L2 接单相 220 V 交流电源，U、V、W 接三相异步电动机，电动机按照星形连接。注意不要将变频器电源输入和电动机输出接反。检查变频器主电路无误后，变频器通电显示。

5. 变频器参数设置

（1）方法 1：通过设置菜单进行设置。按照图 2-16 所示步骤完成参数设置。

（2）方法 2：通过参数菜单进行设置。首先进入参数菜单，完成变频器恢复出厂设置，短按 M 键再次进入参数菜单设置参数，如表 2-15 所示。

出厂复位 — P0010=30　P0970=21或1
↓ OK <2 s
快速调试 — P0304~P0311　P1900　P0100
↓ M <2 s
功能参数设置 — Cn0000，AP0000　P1080，P1082，……
↓ M >2 s
返回显示菜单
↓ M <2 s
参数菜单 — P1040=25.0

图 2-16　设置菜单设置参数流程图

表 2-15　参数菜单设置参数表

序号	变频器参数	出厂值	设定值	功能说明
1	P0010	0	1	进入快速调试状态
2	P0304	230	380	电动机的额定电压（380 V）
3	P0305	3.25	0.35	电动机的额定电流（0.35 A）

续表

序号	变频器参数	出厂值	设定值	功能说明
4	P0307	0.75	0.06	电动机的额定功率（60 W）
5	P0310	50	50	电动机的额定频率（50 Hz）
6	P0311	0	1430	电动机的额定转速（1430 rpm）
7	P0700	1	1	BOP 设置
8	P1000	1	1	用操作面板控制频率的升降
9	P1080	0	0	电动机的最小频率（0 Hz）
10	P1082	50	50	电动机的最大频率（50 Hz）
11	P1058	5	10	正向点动频率（Hz）
12	P1059	5	10	反向点动频率（Hz）
13	P1120	10	10	斜坡上升时间（10 s）
14	P1121	10	10	斜坡下降时间（10 s）
15	P1040	5	25	MOP 频率设定
16	P3900	0	1	结束快速调试并执行工厂复位
17	P1032	1	0	允许反向运行

注：①设置电动机参数需要先设置 P0010=1，电动机参数设置完成后再设置 P0010=0。

②反向运行时设置参数 P1032 设置为 0，允许 MOP（电动电位计）反向运行。

6. 变频器运行调试

变频器完成参数设置后，可以按照如下步骤通过 BOP 控制电动机运行。

（1）变频器启动。按变频器操作面板上的 ▮ 键，这时变频器就将按由参数 P1120 所设定的上升时间驱动电动机升速，稳定运行在由 P1040 所设定的频率值上。

（2）变频器调速。如果电动机已经运转，则通过按操作面板上的 ▲ 键或 ▼ 键来改变电动机的转速。

（3）变频器停止。按变频器操作面板上的 ◯ 键，则变频器将由 P1121 所设置的斜坡下降时间驱动电动机降速至零。

（4）点动运行。按变频器操作面板上的 ▮ + ▥ 组合键，切换到 JOG 模式， ⟳（闪烁）图标闪烁，此时，按下 ▮ 键，则变频器将驱动电动机按由 P1058 所设置的正向点动频率运行，当松开该键时，点动结束。

如果同时按变频器操作面板上的 ▲ + ▼ 组合键，改变电动机运行方向，然后，按下 ▮ 键，则变频器将驱动电动机按由 P1059 所设置的反向点动频率运行，当松开该键时，点动结束。

（5）观察变频器运行状态并进行数据记录。进入变频器显示菜单，观察变频器运行过程中的频率、电压、电流等监视值，依据任务要求填写表 2-16。

表 2-16　V20 变频器 BOP 控制电动机运行数据记录表

频率 /Hz	10	20	30	40	45
电机电流 /A					
电机电压 /V					
频率 /Hz	−15	−25	−30	−40	−45
电机电流 /A					
电机电压 /V					

7. 考核与评价

SINAMICS V20 变频器 BOP 控制电动机运行考核评价如表 2-17 所示。

表 2-17　SINAMICS V20 变频器 BOP 控制电机运行考核表

任务			
序号	评价内容	权重 /%	评分
1	正确连接电源、变频器与电动机的硬件线路	10	
2	能完成变频器参数复位和快速调试，会合理设置变频器参数	10	
3	熟练使用变频器的基本操作面板	20	
4	能通过变频器 BOP 控制电动机运行功能	20	
5	会正确读取变频器的运行参数	20	
6	合理施工，操作规范，在规定时间完成任务	10	
7	无旷课、迟到现象，团队意识强（工具保管、使用、收回情况，设备摆放情况，场地整理情况）	10	
总分			
日期	学生	教师	

问题与思考

1.SINAMICS V20 变频器快速调试有两种方法，一种是_____，另一种是_____。

2.变频器设置电动机参数时需要根据_____进行设置。

3.SINAMICS V20 变频器通过向导方式实现快速调试需要切换至_____菜单。

4.SINAMICS V20 变频器参数 P1900 是用来设置_____。

5.SINAMICS V20 变频器参数 P3900 是用来设置_____。

6.设置电动机额定电压的参数是_____，额定电流的参数是_____，额定频率的参数是_____，额定功率的参数是_____，额定转速的参数是_____。

笔记

拓 展 阅 读

交流调速系统的发展历程

直流电气传动和交流电气传动先后诞生于 19 世纪。由电动机转子运动方程可知，由于直流电动机的磁链和转矩可独立地进行调节，因而具有良好的调速性能，控制方法简单；而交流电动机是一个非线性、多变量的控制对象，其磁链和转矩之间存在耦合，使得交流电动机的调速成为一个难题。因此，20 世纪 80 年代以前，高性能可调速传动都采用直流电动机，在相当长的时间内，直流传动调速在调速领域内占据首位。交流电动机往往用于电气传动中的不变速传动。但是，由于直流电动机具有电刷和换向器，因而存在运行维护工作量大，机械换向困难，直流电动机的单机容量、转速的提高及使用环境都受到限制等缺点。因此，直流传动很难向高速和大容量方向发展。这样的情况对交流传动提出了迫切的要求。

随着各种高性能电力电子元器件产品的出现、电子技术和自动控制技术的迅速进步，交流传动调速获得了飞速的发展（见图 2-17）。

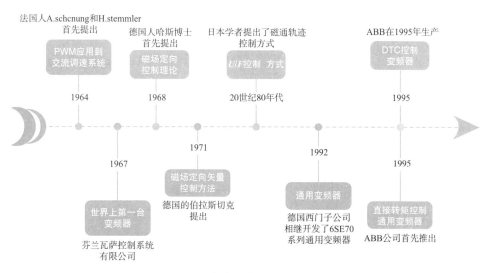

图 2-17　交流调速系统的发展历程

笔记

可控功率器件和功率集成电路（power intergrated circuit，PIC）在交流调速中已被大量采用，新一代的器件推动了新一代交流调速装置的推广和应用。

与此同时，交流电动机的控制技术也得到了突破性进展，1971年德国西门子公司的伯拉斯切克提出了磁场定向矢量控制方法。通过坐标变换，把交流电动机的定子电流分解成磁场电流分量和转矩电流分量，并分别控制磁通和转矩，从而使交流电动机获得和直流电动机一样的高动态性能。1985年德国鲁尔大学的M. Depenbrock提出了直接转矩控制理论，1987年又把该理论推广到弱磁调速范围，采用空间电压矢量分析方法在定子坐标系进行磁通、转矩计算，通过磁通跟踪型PWM逆变器的开关状态直接控制转矩。直接控制转矩去掉了矢量变换的复杂计算，便于实现全数字化，是一种具有较高动、静态性能的交流调速方法。

到目前为止，在交流传动中已经成功地应用了现代控制理论和智能控制理论，如比较优控制、鲁棒控制、滑模变结构控制、基于微分几何方法的反馈线性化控制、非线性自适应控制、基于李亚普诺夫控制的方法、基于无源型控制的方法、模糊控制、专家控制及神经网络控制，企业取得了明显的经济效益和社会效益。

项目 3

SINAMICS V20

变频器端子控制电动机运行与调试

知识目标

（1）了解变频器的端口控制方式。

（2）了解变频器的数字输入/输出端子功能。

（3）了解变频器的模拟量输入/输出端子功能。

（4）了解变频器的 PID 功能和参数。

（5）掌握变频器的数字输入接口电路。

（6）掌握变频器模拟量的标定方法。

能力目标

（1）能够使用变频器数字输入端子控制电动机正反转运行。

（2）能够使用二线/三线方式控制变频器运行。

（3）能够使用模拟量调节电动机的转速。

（4）能够设置变频器端子参数。

（5）能够设置 PID 参数，实现 PID 调节变频器转速。

素质目标

（1）具有良好的职业道德和公共道德。

（2）具有专业必需的文化基础。

（3）具有良好的文化修养和明辨是非的能力。

笔记

我国某些地域在市政供水、高层建筑供水、工业生产循环供水等方面发展不均衡，存在一定不足，工业自动化程度低，具体表现为季节、昼夜用水量的变化，用水高峰期供给量常常低于需求量，夜晚用水低谷期供给量又高于需求量，此时会造成能量的浪费，同时还有可能造成水管爆裂和用水设备的损坏。恒压变频水泵控制系统兼顾到节能、安全、提升供水品质等需求，电动机无级调速，根据供水管网的压力变化自动调节运行参数，随用水量保持对等的水压恒定满足用水要求，实现了节能供水。SINAMICS V20 变频器内置 PID 功能，在基本功能基础上，针对恒压供水系统提供了 PID 控制方案，调节水泵转速。

与恒压供水系统类似，工业生产当中，设备依据生产工艺要求，按照固定轨迹运行且有调速功能，可以通过变频器的使用满足要求。变频器在实际使用中经常用于控制各类机械的正、反转。例如，前进后退、上升下降、进刀回刀等，都需要电动机的正反转运行，使用变频器端子信号操作变频器的正反转运行，是变频器调速常用的控制方法。

任务 3.1 变频器端子控制电动机正反转运行

任务引入

通常在变频器的操作面板上有运行方向切换的按键，可以直接控制电动机转向。在许多生产应用场合，也存在着通过外部按钮或开关，利用外接端子来控制变频器，从而改变电动机旋转方向调节转速的目的。在使用变频器操作面板不能满足要求时，可以利用输入端子改变变频器运行方式的控制。

本任务的学习目标是，了解 SINAMICS V20 变频器的数字量端子结构和功能，了解变频器的启停过程及特点，掌握端子功能参数的设置，掌握变频器端子接口电路，会通过变频器端子实现对电动机正反转的控制。

3.1.1 数字输入端子

1. 数字输入功能

SINAMICS V20 变频器有 4 个数字量输入端子 DI1~DI4（端子号是 8、9、10、11）和一个公共端子 DIC（端子号 12），支持触点方式、NPN 和 PNP 三种输入模式，另外 2 个模拟量输入端子 AI1 和 AI2 通过参数配置，也可以作为数字量输入端子使用。用户可根据需要通过扩展模块，增加数字量输入端子。

端子 6、7 为 RS-485 通信端子，变频器支持串行通信接口，可实现与其他设备的 RS-485 串行通信。

　　SINAMICS V20 变频器的每个数字量输入有一个对应的参数，用来设置该端子的输入功能，DI1~DI4 输入端子分别对应参数 P0701~P0704 进行输入功能设置，如表 3-1 所示。

笔记

表 3-1　数字量输入端子参数对应表

数字输入	端子编号	参数编号	出厂默认值
DIN1	8	P0701	0
DIN2	9	P0702	0
DIN3	10	P0703	9
DIN4	11	P0704	15

　　数字量输入端子对应的参数值具有可编程设定功能，不同的值对应不同的功能，参数常用功能如表 3-2 所示，更多设置值请参考变频器手册。例如，将变频器数字输入 2（端子 9）作为反转功能，设置 P0700=2，P0702=2 即可。修改 P0700 参数时变频器会将数字量输入和数字量输出功能复位为出厂设置。

表 3-2　参数常用功能表

参数值	功能	说明
1	正转	接通正转，断开 / 停车
2	反转	接通反转，断开 / 停车
3	OFF2	断开按惯性停车
4	OFF3	断开按 P1135 斜坡下降时间停车
9	故障复位	上升沿复位故障
10	正向点动	接通正向点动（速度 P1058 设定）
11	反向点动	接通反向点动（速度 P1059 设定）
12	反向	接通设定值取反（速度设定值取反）
15	固定频率	固定频率选择器位 0
16	固定频率	固定频率选择器位 1
17	固定频率	固定频率选择器位 2
18	固定频率	固定频率选择器位 3
29	外部故障	断开触发外部故障
99	使能 BICO 功能	数字输入功能使用 BICO 任意互联

2. 数字输入端子接口电路

　　变频器通过数字输入端子接收开关量信号，端子与外部元件构成输入电路，

笔记

SINAMICS V20 变频器接口电路既可以使用内部 24 V 电源，也可以使用外部 24 V 电源，如图 3-1 所示，采用 PNP 的输入方式时，DIC 端子连接电源负极，采用 NPN 的输入方式时，DIC 端子连接电源正极。

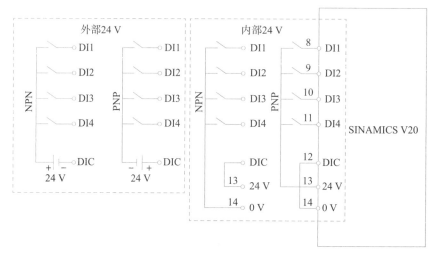

图 3-1　SINAMICS V20 数字输入端子接口电路

3.1.2　数字输出端子

变频器除了具有数字输入端子外，还具有数字输出端子，数字输出端子通常作为变频器运行状态的信号输出。SINAMICS V20 变频器具有两路数字量输出，包括一路晶体管输出和一路继电器输出，数字量输出 DO1（端子 15、16）采用晶体管输出，数字量输出 DO2（端子 17、18、19）采用继电器输出，如图 3-2 所示。

两路输出端子功能通过参数 P0731、P0732 设定，默认晶体管输出（DO1）为故障输出、继电器输出（DO2）为报警输出。变频器数字量输出明细，如表 3-3 所示。

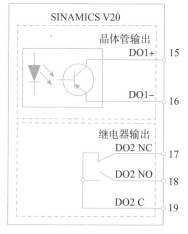

图 3-2　SINAMICS V20 数字量输出端子示意图

表 3-3　数字量输出明细

数字输出	端子编号	参数编号	出厂设置
DO1	15、16	P0731	52.3
DO2	17、18、19	P0732	52.7

数字量输出端子可以将变频器的当前状态以开关量的形式用晶体管和继电器

笔记

输出，方便用户通过输出端子的状态来监控变频器内部状态量，参数 P0731 和 P0732 常用的取值表示内部状态量如表 3-4 所示。

表 3-4　数字量输出参数值明细

变频器状态值	功能
52.2	变频器运行
52.3	变频器故障（反逻辑）
52.7	变频器报警
52.C	电动机抱闸控制（P1215=1 激活抱闸功能时）
52.E	电动机正向运行

将变频器数字量输出的功能定义为故障输出时，继电器输出状态为反逻辑，即当变频器上电后如果没有故障，继电器线圈得电（常开点闭合，常闭点断开）；变频器出现故障，继电器线圈失电（常开点断开，常闭点闭合）。修改 P0700 参数时变频器会将数字量输入和数字量输出功能复位为出厂设置。

3.1.3　数字输出端子状态查看方法

在实际应用中，经常会遇到变频器输出继电器动作异常的现象，在排查这类故障现象时，可以通过以下方法快速简便查看和测试 DO 端口信号是否正常。继电器输出状态由参数 r0747 显示，继电器得电时会根据相应的二进制进行计算，00 表示 DO1 和 DO2 都没有输出，01 表示只有 DO1 有输出，10 表示只有 DO2 有输出，11 表示 DO1 和 DO2 都有输出。r0747 参数值如图 3-3 所示，图中的值为 01，含义是只有 DO1 输出。

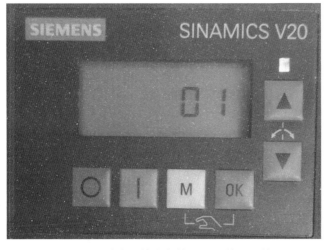

图 3-3　继电器输出参数 r0747 的显示值

再次按下 OK 键时，可以选择相应的位进行查看，如图 3-4 所示，左侧 b00 表示数字量输出 1，右侧数字表示输出状态，1 表示有输出，0 表示无输出。

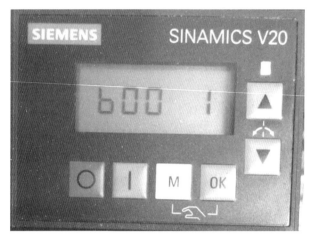

图 3-4 查看数字量输出位输出状态

变频器可以通过 P0748 对数字量输出实现反相逻辑输出。参数 P0731 定义了数字量输出 1 功能为 52.3，变频器故障激活，输出在数字量输出端反相。如果 P0748=0，当有故障触发时数字量输出设为低电平，无故障时设为高电平。

P0748 参数是一个可以进行位设置的参数，首先进入该参数后显示当前数字量输出取反状态，如图 3-5 所示，两位数字表示输出取反状态，00 表示输出未取反，01 表示 DO1 输出取反，02 表示 DO2 输出取反，03 表示 DO1 和 DO2 输出取反。

图 3-5 查看数字量输出位取反设置

按下 OK 键，首先屏幕中的左侧 b00 会出现闪烁，代表可以修改，b00 代表 DO1，b01 代表 DO2，再次按下 OK 键，右侧 0 会出现闪烁，代表可以修改，0 代表不使能取反，1 代表使能取反，设置完成后按 OK 键加以确认，如图 3-6 所示。

图 3-6　数字量输出状态取反设置

3.1.4　变频器的启动和停止过程

变频器的启动是指变频器从静止停机状态到运行状态的过程。

变频器的制动是指变频器从运行状态到静止停机状态的过程，以及从某一运行频率到另一运行频率的加速或减速过程。

1. 斜坡上升时间

变频器的启动可以通过设置斜坡上升时间及加速方式来适应各种电动机负载的启动，使电动机启动更加平稳。斜坡上升时间，又叫加速时间，一般定义为变频器从静止（零频率）加速到最大输出频率所需的时间。

加速时间越长，电动机启动电流越小，启动越平缓，动态响应变缓。加速时间越短，电动机启动电流越大，容易引起电机过流。

2. 斜坡下降时间

变频器的停止可以通过设置斜坡下降时间及减速方式来适应电动机从较高转速降至较低转速的减速过程，变频器通过降低输出频率实现这一过程。斜坡下降时间，又叫减速时间，一般定义为变频器从最高运行频率减速到静止停车所需的时间。

3. 变频器加减速方式

变频器根据各种负载的不同要求，提供了不同的加减速方式，常用的加减速方式有两种，一种是直线加减速，另一种是 S 曲线加减速。

（1）直线加减速。直线加减速时指变频器在启动或停止过程中，输出频率按照恒定斜率递增或递减，大多数负载都可以选用直线加减速方式，如图 3-7（a）所示。

笔记

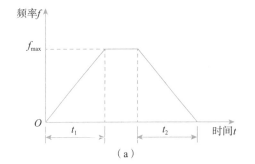
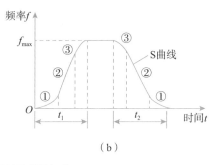

图3-7 变频器的两种加减速方式

(a) 直线加减速；(b) S曲线加减速

（2）S曲线加减速。与直线加减速过程相比，变频器的加减速输出频率按照S曲线递增或递减，就是S曲线加减速。

将S曲线划分为三个阶段的时间，图3-7（b）中，S曲线起始加速时间段（t_1）①所示，这一阶段输出频率变化的斜率从零逐渐递增加，S曲线上升段时间如（t_1）②所示，这一阶段输出频率变化的斜率恒定，S曲线加速时间结束段时间如（t_1）③所示，这一阶段输出频率变化的斜率逐渐递减到零，将每个阶段时间按百分比分配，可以得到一条完整的S曲线。

S曲线加减速非常适合于输送易碎物品的传送机、电梯、搬运传递负载的传送带以及其他需要平稳改变速度的场合，例如，电梯在开始启动以及转入等速运行时，从保证乘客的舒适度角度出发，应减缓速度的变化，采用S曲线加速方式。

3.1.5 变频器的停车方式

变频器接收到停车命令后从运行状态转到停车状态，通常有以下几种方式。

（1）减速停车。变频器接到停车命令后，按照减速时间逐步减少输出频率，频率降为零后停车，该方式适用于大部分负载的停车。

（2）自由停车。变频器接到停车命令后，立即终止变频器输出，负载按照机械惯性自由停止，电动机的电源被切断，拖动系统处于自由制动状态，由于停车时间的长短由拖动系统的惯性决定，这种方式也称为惯性停车。

（3）带时间限制的自由停车。变频器接到停车命令后，切断变频器输出，负载自由滑行停止，这时，在运行待机时间内，可忽略运行指令。运行待机时间由停车指令输入时的输出频率和减速时间决定。

（4）减速停车加上直流制动。变频器接到停车命令后，按照减速时间逐步降低输出频率，当频率降至停车制动起始频率时，开始直流制动直至完全停车。

1. SINAMICS V20 变频器的停车方式

SINAMICS V20 变频器能够按照用户需求响应各种运行状态，并能够采取措施。停止变频器，必须考虑到与变频器操作、变频器保护功能（如电气过载和热过载）、操作人员及设备安全保护功能有关的因素。SINAMICS V20 变频器具有灵活多样的响应方式，满足上述要求，可以使用三种停车方式 OFF1、OFF2 和 OFF3，也可以根据不同工况，分阶段组合使用。

（1）OFF1 停车方式。OFF1 停车命令与变频器启动 ON 命令紧密配合。当变频器启动 ON 命令撤除时，直接激活 OFF1 制动。通过 OFF1 方式制动时，变频器使用 P1121 中定义的斜坡下降时间。如果输出频率降至 P2167 参数值以下，并且参数 P2168 中设定的时间已结束，变频器停止输出。

（2）OFF2 停车方式。OFF2 停车命令接受低电平触发，执行 OFF2 停车命令时，立即取消变频器脉冲输出，输出频率立刻降为零，电动机依惯性停车，而不能以可控方式停车。OFF2 停车方式可以来自一种或多种不同的命令方式，默认情况下，OFF2 命令源来自基本操作面板。如果指定了变频器的其他给定命令源，则基本操作面板 OFF2 命令仍然有效（例如，P0700=2，P0702=3）。OFF2 命令会立即停止变频器脉冲输出。

（3）OFF3 停车方式。OFF3 停车命令使电动机快速减速停车。在设置 OFF3 制动方式后，电动机启动必须输入端子闭合接通，即输入高电平。

OFF3 的制动特性与 OFF1 相同，唯一的区别在于 OFF3 使用其特有的斜坡下降时间 P1135 参数。如果输出频率降至 P2167 参数值以下并且 P2168 参数中的时间已结束，则与 OFF1 命令一样停止变频器脉冲输出。

OFF3 停车方式与 OFF1 停车方式可以联合使用，先使用 OFF3 停车方式，通过设置切换频率点，在合适的位置再使用 OFF1 停车方式，两者结合可满足不同的停车要求。

SINAMICS V20 变频器的三种停车方式，OFF2 优先级最高，OFF3 次之，OFF1 最低。

2. SINAMICS V20 变频器加减速设置

一般通过设置斜坡上升时间和斜坡下降时间，决定变频器的启动和停车过程。斜坡上升时间越长，电动机启动越平缓，斜坡下降时间越长，电动机减速过程越平缓。加速、减速时间过短容易引起变频器过流保护，相关设置参数如表 3-5 所示。

表 3-5　SINAMICS V20 斜坡上升时间和斜坡下降时间参数设置

参数号	参数设定范围	出厂默认值	访问等级	功能描述
P1120	0~650 s	10 s	1	OFF1 斜坡上升时间

续表

参数号	参数设定范围	出厂默认值	访问等级	功能描述
P1121	0~650 s	10 s	1	OFF1 斜坡下降时间
P1130	0~40 s	0 s	2	斜坡上升起始段圆弧时间
P1131	0~40 s	0 s	2	斜坡上升结束段圆弧时间
P1132	0~40 s	0 s	2	斜坡下降起始段圆弧时间
P1133	0~40 s	0 s	2	斜坡下降结束段圆弧时间
P1134	0 或 1	0	2	平滑圆弧的类型：连续平滑；1- 不连续平滑
P1135	0~650 s	5 s	2	OFF3 斜坡下降时间

设定值通道中的斜坡函数发生器能够限制设定值改变的速度。从而使电机更为平滑地加速和减速，保护所驱动机器的机械部件。如图 3-8 所示，参数 P1120 和 P1121 可分别独立设置斜坡上升时间和斜坡下降时间。P1120 参数中所设定的值表示在不使用圆弧功能时使电机从停车状态加速至电机最大频率（P1082）所需的时间。P1121 参数中所设定的值表示在不使用圆弧功能时使电机从电机最大频率（P1082）减速至停车状态所需的时间。

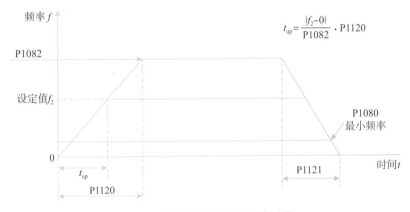

$$t_{up} = \frac{|f_2 - 0|}{P1082} \cdot P1120$$

图 3-8　斜坡上升和斜坡下降时间

使用圆弧时间，这样可以防止突然响应，从而避免对机械的损害。当使用模拟量输入时则不建议采用圆弧时间，因为这样会导致变频器响应特性的超调 / 负尖峰，参数 P1130~P1133 设置圆弧时间，如图 3-9 所示。P1130 参数定义斜坡上升开始时的圆弧时间，P1131 参数定义斜坡上升结束时的圆弧时间，P1132 参数定义斜坡下降开始时的圆弧时间，P1133 参数定义斜坡下降结束时的圆弧时间。

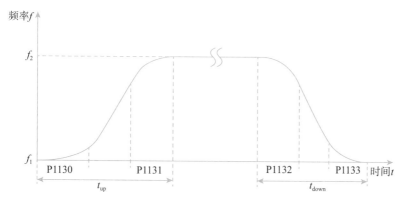

图 3-9　圆弧时间参数

技能训练

SINAMICS V20 变频器端子控制电动机正反转运行

1. 训练目的

（1）能够认知变频器外部控制端子及功能。

（2）会使用 BOP 操作变频器，观察变频器运行状态。

（3）会设置变频器端子参数。

（4）会设置变频器功能参数。

（5）会使用变频器外部端子控制电动机点动运行。

（6）会使用变频器外部端子控制电动机正反转运行。

（7）会使用变频器调试功能运行。

（8）能够正确记录变频器运行数据。

2. 训练要求

利用 SINAMICS V20 变频器数字量输入端子控制变频器正反转和点动。

（1）数字量输入端子 8（DIN1）外接开关 KA1，控制变频器正向启动和停止，设定运行频率 20 Hz，斜坡上升时间 8 s，斜坡下降时间 8 s。

（2）数字量输入端子 9（DIN2）外接开关 KA2，控制变频器反向启动和停止，运行频率 20 Hz，斜坡上升时间 8 s，斜坡下降时间 8 s。

（3）数字量输入端子 10（DIN3）外接按钮 SB1，控制变频器正向点动运转，点动运行频率 10 Hz，斜坡上升时间 5 s，斜坡下降时间 5 s。

（4）数字量输入端子 11（DIN4）外接按钮 SB2，控制变频器反向点动运转，点动运行频率 10 Hz，斜坡上升时间 5 s，斜坡下降时间 5 s。

（5）运用操作面板改变变频器输出频率，调节电动机的转速。

（6）观察并记录变频器运行参数，直流母线电压 DC、输出电压、输出电流、输出频率等。

3. 训练准备

变频器端子控制电动机运行器件如表 3-6 所示。

表 3-6　变频器端子控制电动机运行器件表

序号	名称	备注
1	断路器	2P-10 A/230 V
2	SINAMICS V20 变频器	6SL3210-5BB12-5UV1（1 AC200~240 V，0.25 kW，1.7 A，FSAA）
3	三相异步电动机	额定电流 0.35 A，额定功率 60 W，额定频率 50 Hz，额定转速 1430 rpm，功率因数 0.85，星形连接
4	开关、按钮	2 A/24 V
5	接线工具及线缆	主电路 1.5 mm²，控制电路 0.5 mm²；十字螺丝刀，压线钳等

4. 电路连接

按照如图 3-10 所示电路原理图连接 SINAMICS V20 变频器的电源和电动机的线路，L1、L2 接单相电源，U、V、W 接三相异步电动机，电动机按照星形连接。注意不要将变频器电源输入和电动机输出接反。

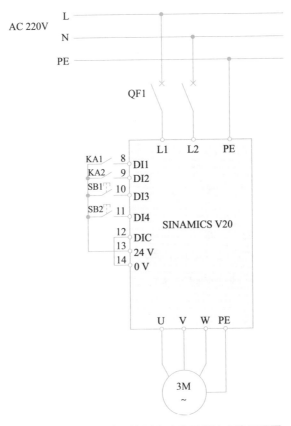

图 3-10　变频器端子控制电动机正反转电路原理图

5. 变频器参数设置

（1）检查电路接线无误，闭合 QF1，变频器上电，显示正常。

（2）变频器恢复出厂设置。

（3）进入参数菜单，直接设置参数，参数设置如表 3-7 所示。

表 3-7　端子控制电动机运行参数设置

序号	变频器参数	出厂值	设定值	功能说明
1	P0003	1	2	用户等级为标准级
2	P0010	0	1	快速调试
3	P0304	230	220	电动机的额定电压（380 V）
4	P0305	1.79	0.3	电动机的额定电流（0.3 A）
5	P0307	0.37	0.06	电动机的额定功率（60 W）
6	P0310	50	50	电动机的额定频率（50 Hz）
7	P0311	1395	1430	电动机的额定转速（1430 rpm）
8	P0700	1	2	选择命令源（由端子排输入）
9	P1000	1	1	MOP 设定值（工厂缺省值）
10	P1080	0	0	电动机的最小频率（0 Hz）
11	P1082	50	50	电动机的最大频率（50 Hz）
12	P1120	10	8	斜坡上升时间（8 s）
13	P1121	10	8	斜坡下降时间（8 s）
14	P3900	0	1	结束快速调试并执行工厂复位
15	P0003	1	2	用户等级为扩展级
16	P0004	0	7	参数过滤，设置命令、二进制 I/O
17	P0701	0	1	接通正转 / 断开停止
18	P0702	12	2	接通反转 / 断开停止
19	P0703	9	10	正向点动
20	P0704	15	11	反向点动
21	P0004	0	10	参数过滤，设置设定值通道 /RFG
22	P1058	5	10	正向点动频率（10 Hz）
23	P1059	5	10	反向点动频率（10 Hz）

笔记

续表

序号	变频器参数	出厂值	设定值	功能说明
24	P1040	5	20	MOP 设定值（Hz）
25	P1060	10	5	点动斜坡上升时间（5 s）
26	P1061	10	5	点动斜坡下降时间（5 s）

注：①快速调试，P0010=1（快速调试）才能设置电动机相关参数，结束快速调试，P0010=0，变频器回到运行状态。

②注意访问等级参数 P0003 的设置，结合参数过滤 P0004，快速设定参数。

③反向运行时设置参数 P1032 设置为 0，允许变频器反向运行。

6. 变频器运行调试

变频器完成参数设置后，可以按照如下步骤通过端子和操作面板控制电动机运行。

（1）变频器正转。闭合开关 KA1，这时变频器将由参数 P1120 所设定的上升时间驱动电动机升速，最终稳定运行在由 P1040 所设定的频率值上。

（2）变频器反转。闭合开关 KA2，变频器的运行同正转相同，运转方向相反。

（3）变频器调速。如果电动机已经稳定运行，则通过按操作面板上的 ▲ 键或 ▼ 键来改变电动机的转速。

（4）变频器停止。断开开关 KA1 或 KA2，则变频器将由 P1121 所设置的斜坡下降时间驱动电动机降速至零。

（5）正向点动运行。如果电动机已经停止，接通按钮 SB1，变频器将按由参数 P1060 所设定的点动上升时间驱动电动机升速，最终稳定运行在由 P1058 所设定的频率值上。当松开 SB1 时，变频器将由 P1061 所设置的斜坡下降时间驱动电动机降速至零，点动结束。

（6）反向点动运行。如果电动机已经停止，接通按钮 SB2，变频器将由参数 P1060 所设定的点动上升时间驱动电动机升速，稳定运行在由 P1059 所设定的频率值上。当松开 SB2 时，变频器将由 P1061 所设置的斜坡下降时间驱动电动机降速至零，点动结束。

（7）观察与记录。注意观察操作过程并记录变频器运行状态，填写表 3-8。

表 3-8　变频器端子控制电动机运行数据记录表

f/Hz	10	20	30	40	45
电机电流 I/A					
电机电压 U/V					

笔记

续表

f/Hz	−15	−25	−30	−40	−45
电机电流 I/A					
电机电压 U/V					

7. 考核与评价

变频器端子控制电动机正反转运行考核如表 3-9 所示。

表 3-9　变频器端子控制电动机正反转运行考核表

任务			
序号	评价内容	权重 /%	评分
1	正确连接电源、变频器与电动机的硬件线路	10	
2	能完成变频器参数复位和快速调试，合理设置变频器参数	10	
3	能完成功能参数设置	20	
4	能通过变频器端子控制电动机运行功能	20	
5	正确观察变频器的运行参数	10	
6	数据记录完整、正确	10	
7	合理施工，操作规范，在规定时间完成任务	10	
8	无旷课、迟到现象，团队意识强（工具保管、使用、收回情况，设备摆放情况，场地整理情况）	10	
总分			
日期	学生	教师	

问题与思考

1.SINAMICS V20 变频器只能作为数字量输入的共有_____个端子，除此之外，模拟量输入端子配置后也可以作为_____个数字量输入端子。

2.SINAMICS V20 变频器为数字量输入端子提供了_____、_____及____等三种接口方式，满足各种开关部件的接入。

3.SINAMICS V20 变频器有_____组数字量输出端子，输出变频器运行状态量。

4. 变频器的启动和停止可以通过设置_____和_____参数，使得电动机启动和停止更加平稳，适合不同的工况。

5. 变频器常用的加减速方式有_____和_____。

6.SINAMICS V20 变频器停车方式有_____、_____和_____。

7.SINAMICS V20 变频器三种停车方式优先级_____最高,_____次之,_____最低。

8.SINAMICS V20 变频器设置斜坡上升时间的参数是_____,设置斜坡下降时间的参是_____。

9.SINAMICS V20 变频器 OFF3 停车制动方式设置斜坡下降时间的参数是_____。

10. 请写出 FSAA 型 SINAMICS V20 变频器的数字量输入和输出端子号及名称。

任务 3.2 变频器二线 / 三线制控制电动机运行

任务引入

几乎所有的变频器都支持二线 / 三线制控制方式,二线 / 三线制控制方式是较为常用和简便的控制方式之一。外接开关或按钮控制变频器的启动运行是变频器的常用功能,通过二线或三线的电路连接,实现不同的触发运行方式。SINAMICS V20 变频器有专用的二线 / 三线设置参数,使用起来更加便捷和灵活。

本任务的学习目标是,了解 SINAMICS V20 变频器数字输入信号控制方式、二线制和三线制参数设置方法,能够查阅参数手册,看懂控制时序,掌握二线制和三线制控制使用的方法。

3.2.1 变频器数字输入信号的控制方式

变频器通过数字输入端子可以实现正转、反转、复位、启动、停止和点动等控制功能,通过输入端子控制变频器的方式有开关信号和脉冲信号两种控制方式。

开关信号控制方式是,当端子处于闭合状态时,电动机正转或反转运行,当端子处于断开状态时,电动机停止运行。

与端子开关信号控制方式不同的是,在采用脉冲信号控制方式时,变频器数字输入端子只需接受脉冲触发信号,变频器即可触发响应的功能,比如,变频器正转或反转运行,并保持触发状态。断开使能信号后,变频器运行停止。

SINAMICS V20 变频器数字输入端子能够接收开关信号和脉冲信号。端子控制通过设置参数 P0727 可以实现变频器的二线制和三线制控制。P0727 参数值含义如表 3-10 所示。

表 3-10　P0727 参数值含义表

参数	参数值	说明
P0727	0（默认值）	西门子标准控制（启动 / 方向）
	1	二线控制（正向 / 反向）
	2	三线控制（正向 / 反向）
	3	三线控制（启动 / 方向）

3.2.2　变频器的二线控制

SINAMICS V20 变频器有四个数字输入端子 DI1、DI2、DI3 和 DI4（8、9、10、11），都能够作为二线制或三线制控制端子。

1. 二线控制（P0727=0）

使用 ON/OFF1 和 REV 作为保持信号（P0701=1，P0702=12），如图 3-11 所示。在 ON/OFF1 信号有效时，变频器正转运行；在 ON/OFF1 信号和 REV 信号同时有效时，变频器反转运行；只有 REV 信号有效时，变频器不运行。ON/OFF1 信号兼作反转使能信号。

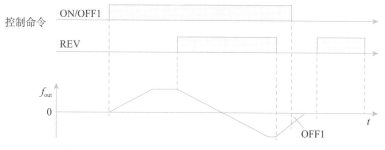

图 3-11　ON/OFF1 和 REV 作为保持信号时序图

如图 3-12 所示，变频器的二线制连接，数字输入端子 DI1 和 DI2 外接控制开关控制。参数 P0700=2，P0701=1，P0702=12，P0727=0。

数字输入 DI1 和 DI2 两端子通过两挡开关连通 24 V，DIC 和 0 V 端子连接。DI1 端子开关作为变频器启动 / 停止功能使用；DI2 端子开关作为正转 / 反转功能使用，不具有启停功能。DI1 开关接通（1 位置），变频器正转启动运行，DI1 开关断开，变频器停止；DI2 开关接通（R 位置），接通 DI1 开关（1 位置），变频器反转。

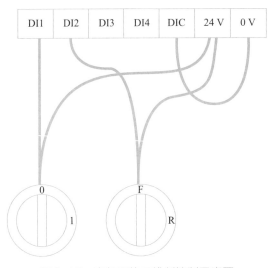

图 3-12　变频器的二线制控制示意图

2. 二线控制（P0727=1）

（1）使用 ON/OFF1 和 ON_REV/OFF1 作为保持信号。在 ON/OFF1 信号有效时，变频器正转运行；ON_REV/OFF1 信号有效时，变频器停止运行，变频器反向运行（P0701=1，P0702=2），如图 3-13 所示。

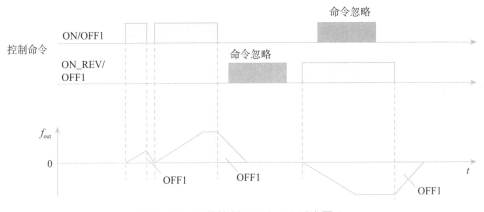

图 3-13　二线控制 P0727=1 时序图 1

变频器的二线制连接，数字输入端子 DI1 和 DI2 外接开关控制，使用一个三挡旋转开关实现，旋转开关共有三个挡位，中间 0 是空挡，不与其他挡位连接，F 是正转挡位，R 是反转挡位。变频器 24 V 端子需要接入端子 DI1 或 DI2，数字输入公共端 DIC 需要连接 0 V，如图 3-14 所示。

设置参数 P0700=2，P0701=2，P0702=1，P0727=1，开关顺时针旋转，24 V 接通端子 DI1，电动机正转；开关逆时针旋转，24 V 接通端子 DI2，电动机反转。

（2）使用 ON_FWD 和 ON_REV 作为保持信号。在 ON_FWD 信号有效时，变频器正向运行；ON_REV 信号有效时，变频器反向运行；ON_FWD 和 ON_REV 信号同时有效时，变频器按照 OFF1 方式停止运行，如图 3-15 所示。

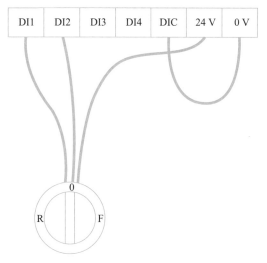

图 3-14　二线制应用电路示意图

笔记

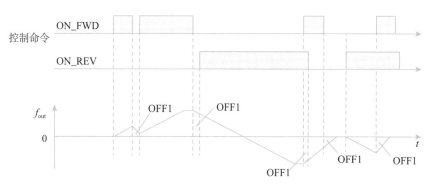

图 3-15　二线制控制 P0727=1 时序图 2

3.2.3　变频器的三线控制

1. 三线控制（P0727=2）

变频器使用三线控制，STOP 作为保持信号，FWDP 和 REVP 为脉冲信号，如图 3-16 所示。STOP 信号接通有效，这时给出 FWDP 或 REVP 脉冲信号，变频器驱动电动机正转或反转运行，如果 FWDP 和 REVP 脉冲信号同时有效，变频器停止运行，STOP 信号断开，变频器停止运行。

2. 三线控制（P0727=3）

使用 OFF1/HOLD 和 REV 作为保持信号，ON_PULSE 为脉冲信号，如图 3-17 所示，OFF1/HOLD 信号接通有效时，ON_PULSE 脉冲信号上升沿有效，变频器启动正向运行；OFF1/HOLD 信号有效时，REV 信号保持有效，变频器反向运行；OFF1/HOLD 信号断开，变频器按照 OFF1 方式停止运行。

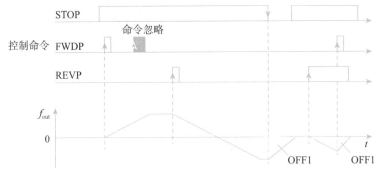

图 3-16　三线控制 P0727=2 时序图

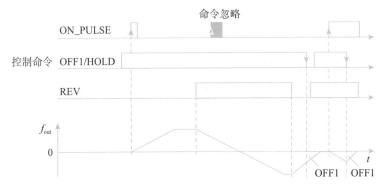

图 3-17　三线制控制 P0727=3 时序图

变频器的三线制连接，数字输入端子 DI1、DI2 和 DI3 外接开关按钮控制，使用启动、停止两个按钮，一个开关选择正转或反转，变频器 24 V 通过开关或按钮接入端子 DI1、DI2 和 DI3，数字输入公共端 DIC 需要连接 0 V。如图 3-18 所示。

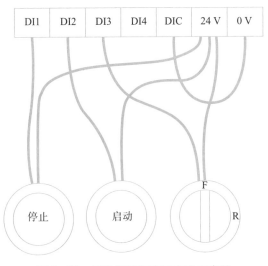

图 3-18　三线制控制应用电路示意图

设置参数 P0700=2，P0701=2，P0702=1，P0703=12，P0727=3，图 3-15 所

示，停止按钮常闭接入 DI1，启动按钮常开接入 DI2，方向选择功能是一个旋转开关，常开接入 DI3 端子。按下启动按钮，电动机正转启动运行，旋转开关选择反转接通，电动机反转运行。

在使用 P0727 选择了一种控制功能后，数字量输入端子（P0701~P0704）的设定需要重新定义，如表 3-11 所示，如要使用二线 / 三线控制，则必须对具有新设定值的 ON/OFF1（P0840）、ON_REV/OFF1（P0842）和 REV（P1113）的输入源进行相应的设置。

表 3-11 二线 / 三线控制信号端子设定值对应表

P0701~P0704 的设定	P0727=0（默认，二线制）	P0727=1（二线控制）	P0727=2（三线控制）	P0727=3（三线控制）
=1（P0840）	ON/OFF1	ON_FWD	STOP	ON_PULSE
=2（P0842）	ON_REV/OFF1	ON_REV	FWDP	OFF1/HOLD
=12（P1113）	REV	REV	REVP	REV

技能训练

SINAMICS V20 变频器二线控制电动机运行

1. 训练目的

（1）熟悉 SINAMICS V20 变频器二线控制方法。

（2）会设置二线控制参数。

（3）能正确完成变频器二线控制外部接线。

（4）会调试变频器二线控制功能。

（5）能正确记录变频器调试数据。

2. 训练要求

（1）变频器二线控制要求 1。

①电动机正转运行。接通开关 KA2，电动机正转运行，运行频率 20 Hz。

②电动机反转运行。接通开关 KA1，电动机反转运行，运行频率 20 Hz。

③电动机停止运行。断开开关 KA1 或 KA2，电动机停止运行。

④斜坡上升时间 8 s，斜坡下降时间 8 s。

（2）变频器二线控制要求 2。

①电动机正转运行。接通开关 KA1，电动机正转运行，运行频率 25 Hz。

②电动机反转运行。接通开关 KA1 和 KA2，电动机反转运行。

③电动机停止运行。断开 KA1，电动机停止运行。

笔记

④斜坡上升时间 8 s，斜坡下降时间 8 s。

3. 训练准备

SINAMICS V20 变频器二线制控制所需主要器件如表 3-12 所示

表 3-12 SINAMICS V20 变频器二线控制主要器件表

序号	名称	备注
1	断路器	2P-10 A/230 V
2	SINAMICS V20 变频器	6SL3210-5BB12-5UV1（AC200~240 V，0.25 kW，1.7 A，FSAA）
3	三相异步电动机	额定电流 0.3 A，额定功率 60 W，额定频率 50 Hz，额定转速 1430 rpm，功率因数 0.85，星形连接
4	开关、按钮	2 A/24 V
5	线缆及接线工具	主电路 1.5 mm²，控制电路 0.5 mm²；十字螺丝刀，压线钳等

4. 电路连接

按照图 3-19 所示电路原理图连接变频器的电源和电动机的连线，L1、L2 接单相电源，U、V、W 接三相异步电动机，电动机按照星形连接。注意不要将变频器电源输入和电动机输出接反。

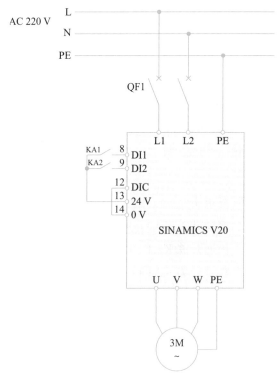

图 3-19 变频器二线控制电动机运行电路原理图

（1）按照原理图完成变频器主电路连接。

（2）按照原理图完成变频器控制电路连接。

5. 变频器参数设置

（1）检查电路接线无误，闭合 QF1，变频器上电，显示正常。

（2）变频器恢复出厂设置。

（3）快速调试。

（4）参数设置如表 3-13 所示。

表 3-13（a）　二线制控制 1 参数设置表

序号	变频器参数	出厂值	设定值	功能说明
1	P0304	230	220	电动机的额定电压（380 V）
2	P0305	1.79	0.3	电动机的额定电流（0.3 A）
3	P0307	0.37	0.06	电动机的额定功率（60 W）
4	P0310	50	50	电动机的额定频率（50 Hz）
5	P0311	1395	1430	电动机的额定转速（1430 rpm）
6	P1080	0	0	电动机的最小频率（0 Hz）
7	P1082	50	50.00	电动机的最大频率（50 Hz）
8	P1120	10	8	斜坡上升时间（8 s）
9	P1121	10	8	斜坡下降时间（8 s）
10	P0700	1	2	选择命令源（由端子排输入）
11	P0701	0	2	ON 反转
12	P0702	12	1	ON/OFF1
13	P0727	0	1	二线 / 三线模式选择（二线）
14	P1040	10	20	运行频率

表 3-13（b）　二线制控制 2 参数设置表

序号	变频器参数	出厂值	设定值	功能说明
1	P0304	230	220	电动机的额定电压（380 V）
2	P0305	1.79	0.3	电动机的额定电流（0.3 A）
3	P0307	0.37	0.06	电动机的额定功率（60 W）

笔记

笔记

序号	变频器参数	出厂值	设定值	功能说明
4	P0310	50	50	电动机的额定频率（50 Hz）
5	P0311	1395	1430	电动机的额定转速（1430 rpm）
6	P1080	0	0	电动机的最小频率（0 Hz）
7	P1082	50	50.00	电动机的最大频率（50 Hz）
8	P1120	10	8	斜坡上升时间（8 s）
9	P1121	10	8	斜坡下降时间（8 s）
10	P0700	1	2	选择命令源（由端子排输入）
11	P0701	0	1	ON/OFF1
12	P0702	12	12	ON 反转选择
13	P0727	0	0	二线 / 三线模式选择（二线）
14	P1040	10	25	运行频率

注：①设置参数前先将变频器参数复位为工厂的缺省设定值；

②设定 P0003=2 允许访问扩展参数；

③设定电机参数时先设定 P0010=1（快速调试），参数设置完成后设定 P0010=0（准备）；

④如要使用二线 / 三线控制，则必须对具有新设定值的 ON/OFF1（P0840）、ON_REV/ OFF1（P0842）和 REV（P1113）的输入源进行相应的设置。

6. 变频器运行调试

变频器完成参数设置后，可以按照如下步骤，运行和调试变频器。

（1）变频器启动运行。按照控制要求，接通开关 KA1 或 KA2。

（2）变频器停止。按照二线制控制参数设置的不同方式，操作 KA1 或 KA2，使变频器停止运行。

（3）数据记录。注意观察变频器运行过程，依据任务要求填写表 3-14，记录变频器运行状态，运行状态一栏填写正转、反转、停止等。

表 3-14 二线控制数据记录表

要求	KA2	KA1	运行状态
控制要求 1	0	1	
	1	1	

续表

要求	KA2	KA1	运行状态
控制要求 1	1	0	
	0	1	
	0	1	
控制要求 2	1	1	
	1	0	

注：0- 断开；1- 接通。

7. 考核与评价

变频器二线制控制电动机运行考核评价如表 3-15 所示。

表 3-15　变频器二线制控制考核评价表

任务			
序号	评价内容	权重 /%	评价分数
1	正确连接电源、变频器与电动机的硬件线路	10	
2	能完成变频器参数复位和快速调试，合理设置变频器参数	10	
3	完成二线控制要求 1 功能	20	
4	完成二线控制要求 2 功能	20	
5	正确观察变频器的运行参数	10	
6	数据记录完整、正确	10	
7	合理施工，操作规范，在规定时间完成任务	10	
8	无旷课、迟到现象，团队意识强（工具保管、使用、收回情况，设备摆放情况，场地整理情况）	10	
总分			
日期	学生	教师	

笔记

SINAMICS V20 变频器三线控制电动机运行

1. 训练目的

（1）熟悉 SINAMICS V20 变频器三线控制方法。

（2）会设置三线控制参数。

（3）能正确完成变频器三线控制外部接线。

（4）会调试变频器三线控制功能。

（5）能正确记录变频器调试数据。

2. 训练要求

（1）电动机的方向选择。正向或反向旋转。

（2）运行方向选择。SW1 断开，电动机正转运行；SW1 接通，变频器允许反向，电动机反转运行。

（3）电动机正转运行。按下 SB2 按钮，SW1 选择正向，电动机正转运行，运行频率 20 Hz，斜坡上升时间 8 s，斜坡下降时间 8 s。

（4）电动机反转运行。接通 SW1，选择反向，按下 SB2，电动机反转运行。

（5）电动机停止运行。按下 SB1，电动机停止运行。

3. 训练准备

变频器三线控制电动机运行所需主要器件如表 3-16 所示

表 3-16　SINAMICS V20 变频器三线控制电动机运行器件表

序号	名称	备注
1	断路器	2P-10 A/230 V
2	SINAMICS V20 变频器	6SL3210-5BB12-5UV1（AC200~240 V，0.25 kW，1.7 A，FSAA）
3	三相异步电动机	额定电流 0.35 A，额定功率 60 W，额定频率 50 Hz，额定转速 1430 rpm，功率因数 0.85，星形连接
4	开关、按钮	2 A/24 V
5	线缆及接线工具	主电路 1.5 mm^2，控制电路 0.5 mm^2；十字螺丝刀，压线钳等

4. 电路连接

按照图 3-20 所示电路原理图连接变频器的电源和电动机的连线，将 L1、L2 接单相电源，U、V、W 接三相异步电动机，电动机按照星形连接。注意不要将变频器电源输入和电动机输出接反。

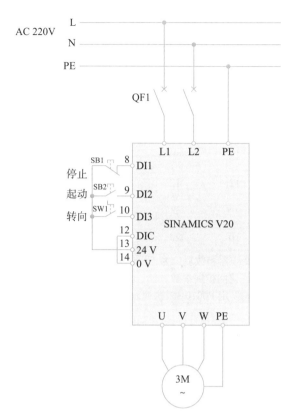

图 3-20　变频器三线控制电动机运行原理图

5. 变频器参数设置

（1）检查电路接线无误，闭合 QF1，变频器上电，显示正常。

（2）变频器恢复出厂设置。

（3）快速调试，设置变频器参数，如表 3-17 所示。

表 3-17　SINAMICS V20 变频器三线控制参数设置表

序号	变频器参数	出厂值	设定值	功能说明
1	P0304	230	220	电动机的额定电压（380 V）
2	P0305	1.79	0.3	电动机的额定电流（0.3 A）
3	P0307	0.37	0.06	电动机的额定功率（60 W）
4	P0310	50	50	电动机的额定频率（50 Hz）
5	P0311	1395	1430	电动机的额定转速（1430 rpm）
6	P1080	0	0	电动机的最小频率（0 Hz）
7	P1082	50	50	电动机的最大频率（50 Hz）
8	P1120	10	8	斜坡上升时间（8 s）

笔记

笔记

序号	变频器参数	出厂值	设定值	功能说明
9	P1121	10	8	斜坡下降时间（8 s）
10	P0700	1	2	选择命令源（由端子排输入）
11	P0701	0	2	OFF1 停车
12	P0702	12	1	ON 启动（脉冲）
13	P0703	12	12	反转选择
14	P0727	0	3	二线 / 三线模式选择
15	P1040	10	20	运行频率

注：①设置参数前先将变频器参数复位为工厂的缺省设定值。

②设定 P0003=2 允许访问扩展参数。

③设定电机参数时先设定 P0010=1（快速调试），参数设置完成后设定 P0010=0（准备）。

6. 变频器运行调试

变频器完成参数设置后，操作开关按钮 SB1、SB2 和 SW1，观察并记录变频器的运行状态。

（1）选择运行方向 SW1 正向（断开），按下启动按钮 SB2，变频器启动运行，频率稳定在 20 Hz，电动机正转。此时，如果接通 SW1，则改变电动机旋转方向。

（2）选择运行方向 SW1 正向（接通），按下启动按钮 SB2，变频器启动运行，电动机反转。

（3）变频器停止。在正转或反转情况下，按下停止按钮 SB1，变频器停止运行。

（4）调试过程记录变频器运行状态，填写表 3-18。

表 3-18　SINAMICS V20 变频器三线控制电动机运行数据记录表

SB1	SB2	SW1	运行状态	运行频率
1	0 → 1	0		
1	0 → 1	1		
1	1 → 0	0		
1	1 → 0	1		
1 → 0	0 → 1	0		
1 → 0	0 → 1	1		

注：0- 断开；1- 接通；1 → 0- 松开；0 → 1- 按下。

7. 考核与评价

变频器三线制控制电动机运行考核评价如表 3-19 所示。

笔记

表 3-19　变频器三线制控制考核评价表

任务			
序号	评价内容	权重 /%	评分
1	正确连接电源、变频器与电动机的硬件线路	10	
2	能完成变频器参数复位和快速调试，合理设置变频器参数	10	
3	正确设置三线控制功能参数	20	
4	能完成三线控制要求功能	20	
5	正确观察变频器的运行参数	10	
6	数据记录完整、正确	10	
7	合理施工，操作规范，在规定时间完成任务	10	
8	无旷课、迟到现象，团队意识强（工具保管、使用、收回情况，设备摆放情况，场地整理情况）	10	
总分			
日期	学生	教师	

问题与思考

1. SINAMICS V20 变频器通过数字量输入端子输入数字信号有_____和_____两种输入方式。

2. SINAMICS V20 变频器端子控制通过设置参数_____可以实现变频器的二线制和三线制控制。

3. SINAMICS V20 变频器设置参数 P0727=_____，通过数字量输入端子实现二线制控制，变频器能够正转和反转。

4. SINAMICS V20 变频器设置参数 P0727=_____，通过数字量输入端子实现三线制控制，变频器能够正向和反向运行。

5. SINAMICS V20 变频器设置参数 P0727=_____，通过数字量输入端子实现三线制控制，变频器正向启动使用_____触发。

6. SINAMICS V20 变频器二线制控制和三线制控制运行有什么区别？是怎样实现的？

_____

_____

任务3.3 变频器固定频率控制电动机运行

任务引入

离心机设备往往需要根据工艺要求的不同阶段调整电动机的转速，使离心机采用多段速运行，不同阶段的转速是稳定的。变频器具有固定频率运行方式，使用变频器控制很容易实现离心机设备的调速要求，能够得到很好的效果。

本任务的学习目标是，了解变频器的运行方式，掌握变频器固定频率的运行方式，实现离心机设备的多段速运行控制。

3.3.1 变频器的运转指令给定方式

变频器的运转指令给定是指采用某种方式控制变频器的基本运行功能，这些功能包括启动、停止、正转与反转、正向点动与反向点动、复位等。变频器的运转指令给定方式有操作面板给定、端子给定和通信给定三种，这些运转指令方式必须按照实际的需要进行设置，同时也可以根据功能进行相互之间的切换。

1. 操作面板给定方式

操作面板给定方式是变频器最简单的运转指令给定方式，用户可以通过变频器的操作面板按键上的运行键、停止键、点动键和复位键来直接控制变频器的运转。操作面板给定方式的最大特点就是方便实用，同时又能起到故障报警功能，即能够将变频器是否运行、故障或报警都告知给用户，因此用户无需额外配线就能真正了解到变频器是否在运行中，是否在报警（过载、超温、堵转等），以及通过 LED 数码和 LCD 液晶显示故障类型。

某些生产设备是不允许反转的，如泵类负载，变频器则为其专门设置了禁止电动机反转的功能参数。该功能对端子给定方式、通信给定方式都有效。

2. 端子给定方式

端子给定方式是变频器的运转指令通过其外接输入端子从外部输入开关信号（或电平信号）来进行控制的方式。外部输入开关信号来自按钮、选择开关、继电器、PLC（可编程逻辑控制器）或 DCS（分散控制系统）的继电器模块，替代了操作面板上的运行键、停止键、点动键和复位键，可以在较远距离来控制变频器的运转。

3. 通信给定方式

通信给定方式在不增加线路的情况下，可通过修改上位机数据给变频器传输数据，即可对变频器进行正反转、点动、故障复位等控制。

3.3.2　变频器的频率给定方式

使用变频器的目的，是通过改变变频器的输出频率，从而改变电动机的转速。要调节变频器的输出频率，需要向变频器提供改变频率的信号，这个信号就是频率给定信号。

频率给定方式就是调节变频器输出频率的具体方法，即提供变频器频率给定信号的方式。

变频器常见的频率给定方式有操作面板给定、UP/DOWN 信号给定、模拟信号给定、脉冲信号给定和通信给定等。这些频率给定方式各有优缺点，必须按照实际的需要进行设置，同时也可以根据功能需要进行不同频率给定方式之间的叠加和切换。

1. 操作面板给定方式

操作面板给定是变频器最简单的频率给定方式，用户可以通过变频器操作面板上的电位器、数字键或上升下降键来直接改变变频器的设定频率。这种方式的最大优点就是简单、方便和稳定，同时能够将变频器运行时的电流、电压、实际转速、母线电压等实时显示出来。

选择键盘数字键或上升下降键给定，则属于数字量给定，精度和分辨率非常高，如果选择操作面板上的电位器给定，则属于模拟量给定，精度稍低，无需另外接线。

2. UP/DOWN 信号给定方式

UP/DOWN 信号给定就是通过变频器的多功能输入端子的升（UP）和降（DOWN）接点，来改变变频器的设定频率值。该接点可以外接按钮或其他类似于按钮的开关信号。

3. 模拟量给定方式

模拟量给定即通过变频器的模拟量输入端子从外部输入模拟量信号（电流或电压）进行给定，并通过调节模拟量的大小来改变变频器的输出频率。模拟量给定中通常采用电流或电压信号。电流信号一般为 0~20 mA 或 4~20 mA。电压信号一般为 0~10 V、2~10 V、−10~10 V 等。

电流信号在传输过程中，不受线路电压降、接触电阻及其压降、杂散的热电效应以及感应噪声等影响，抗干扰能力较电压信号强，适合远距离连接时使用。但由于电流信号电路比较复杂，故在距离不远的情况下，仍以选用电压给定为模拟量信号居多。

在模拟量给定方式下，变频器的给定信号 P 与对应的变频器输出频率 $f(x)$ 之间的关系曲线 $f(x)=f(P)$，就是频率给定曲线。这里的给定信号 P，既可以是电压信号，也可以是电流信号，其取值范围在 10 V 或 20 mA 之内。

笔记

一般的电动机调速都是线性关系，因此频率给定曲线通过定义首尾两点的坐标（模拟量，频率）即可确定该曲线。如图 3-21 所示，定义首坐标为（P_{min}，f_{min}）、尾坐标为（P_{max}，f_{max}），可以得到设定频率与模拟量给定值之间的正比关系。

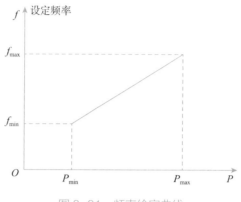

图 3-21　频率给定曲线

在使用模拟量来控制变频器正反转时，0 V 应该对应 0 Hz，但实际上真正的 0 Hz 很难做到，且频率值很不稳定，频率在 0 Hz 附近时，常常出现正转命令和反转命令共存的现象，如图 3-22 所示，模拟量的正反转控制和死区功能呈"反反复复"状。为了解决这个问题，预防反复切换现象，就定义在零速度附近为死区。对于死区，不同类型的变频器定义都会有所不同。

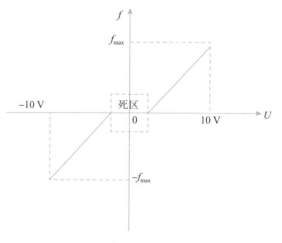

图 3-22　模拟量给定正反转死区

4. 通信给定方式

通信给定方式就是指上位机通过通信口按照特定的通信协议、特定的通信介质进行数据传输到变频器以改变变频器设定频率的方式。上位机一般指计算机（或工控机）、PLC、DCS、人机界面等主控制设备。

3.3.3　SINAMICS V20 变频器的运行方式

变频器运行需要两个信号：运转命令给定信号和频率给定信号。运转命令信号是指使变频器启动／停止的信号；频率给定信号是指变频器运行，调节频率的给定信号。SINAMICS V20 系列变频器具有多种运转命令给定方式和频率给定方式，运转命令给定方式和频率给定方式的选择分别由参数 P0700 和 P1000 设置。

1. SINAMICS V20 变频器的命令给定方式

SINAMICS V20 变频器的命令给定有操作面板（键盘）、端子、通信三种给定方式，由参数 P0700 设置，如表 3-20 所示。

表 3-20　参数 P0700 命令给定设置明细

参数值	命令源
P0700=0	出厂默认设置
P0700=1（默认值）	操作面板（键盘）
P0700=2	由数字输入端子控制启停
P0700=5	通信，RS-485 上的 USS 或 Modbus 控制启停

2. SINAMICS V20 变频器的频率给定方式

SINAMICS V20 变频器的频率给定方式有操作面板给定、UP/DOWN 信号给定、模拟量给定、固定频率给定和通信给定等，通过参数 P1000 设置，如表 3-21 所示。

表 3-21　参数 P1000 频率给定设置明细

参数值	命令源
P1000=0	无主设定值
P1000=1	由 MOP 设定频率（通常为 BOP 面板上升、下降按键）
P1000=2	由模拟量输入 AI1 设定频率
P1000=3	固定频率给定（由数字量选择固定频率的组合，实现电机多段速度运行）
P1000=5	RS-485 上的 USS 和 Modbus 调节频率
P1000=7	由模拟量输入 2 设定频率

当 P1000 设置为两位数时，表示两种频率设定值相加，例如，P1000=52 表示模拟量输入 1 作为主设定值，USS/Modbus 通信作为附加设定值，总的设定值等于模拟量加 USS/Modbus 设定。

笔记

SINAMICS V20 变频器的命令给定和频率给定信号，可以通过变频器的操作面板给定，也可以通过变频器的外部端子控制，还可以通过通信方式给定，不同的给定方式，决定了变频器的不同运行操作模式。P0700 与 P1000 参数的设置可以任意组合，例如：

（1）P0700=1、P1000=1，表示变频器的运行命令由操作面板给定，频率给定由操作面板上升下降键调速实现。

（2）P0700=2、P1000=2，表示变频器的运行命令由数字输入端子给定，频率给定由模拟量输入 1 调速实现。

（3）P0700=1、P1000=2，表示变频器的运行命令由操作面板给定，频率给定由模拟量输入 1 调速。

（4）P0700=2、P1000=1，表示变频器的运行命令由数字输入端子给定，频率给定由 UP/DOWN 信号端子调速实现，同时，端子参数 P0701~P0704 设置为 13（UP）或 14（DOWN）。短按操作，变频器频率会以 0.1 Hz 的阶跃变化，长按操作，变频器按照斜坡发生器以 P1047 或 P1048 的速度进行加减速，实现升降速调节。

（5）P0700=2、P1000=5，表示变频器的运行命令由数字输入端子给定，频率给定由 USS/Modbus 通信调速实现。

3.3.4 SINAMICS V20 变频器的固定频率运行方式

SINAMICS V20 变频器的固定频率运行方式就是变频器依据给定开关信号选择对应的固定频率运行。固定频率，也称为多段速，就是在设置参数 P1000=3 的条件下，用开关量端子选择固定频率的组合，实现电动机多段速度运行。

SINAMICS V20 变频器的固定频率运行功能包括两种模式：直接选择模式和二进制选择模式。用户可以通过数字量输入端子选择固定频率运行的两种模式，使用参数设置固定频率数值。参数 P1016 用来选择固定频率的两种模式，P1016=1 是直接选择模式，P1016=2 是二进制选择模式。

1. 固定频率设定值数字量端子接线

SINAMICS V20 变频器共有 4 个光电隔离的数字量输入，包括 DI1，DI2，DI3 和 DI4。数字量输入可采用变频器内部 24 V 电源供电，也可采用外接 24 V 电源供电，可以接成 PNP 接法，也可以接成 NPN 接法。

2. 直接选择模式参数设置

直接选择模式就是一个数字输入选择一个固定频率，直接选择模式的端子不具备启动功能，变频器启动需要由另外的端子控制，例如，DI1 为启动 / 停止命令，DI2 选择固定频率值 1，DI3 选择固定频率值 2，DI4 选择固定频率值 3，当 DI2，DI3 和 DI4 中两个或三个被激活时，频率给定值为其对应的固定频率之和。参数设置如下。

笔记

- P0700[0]=2：命令源为端子控制。
- P1000[0]=3：速度给定为固定频率给定。
- P1016[0]=1：固定频率方式为直接选择。
- P0701[0]=1：DI1 的功能为 ON/OFF1。
- P0702[0]=15：DI2 的功能为固定频率选择位 0。
- P0703[0]=16：DI3 的功能为固定频率选择位 1。
- P0704[0]=17：DI4 的功能为固定频率选择位 2。
- P1001[0]= 频率 1：固定频率 1 的值。
- P1002[0]= 频率 2：固定频率 2 的值。
- P1003[0]= 频率 3：固定频率 3 的值 。

按照上述参数设置后，触发 DI2、DI3 和 DI4，根据 3 个 DI 的不同组合得到对应的频率给定，如表 3-22 所示。

表 3-22　直接选择模式频率给定

DI4	DI3	DI2	频率给定 /Hz
0	0	0	0
0	0	1	频率 1
0	1	0	频率 2
1	0	0	频率 3
0	1	1	频率 1+2
1	0	1	频率 1+3
1	1	1	频率 1+2+3

3. 二进制选择模式参数设置

变频器由端子控制，数字量输入端子 DI1、DI2、DI3 和 DI4 组成选择固定频率值的 4 个二进制位，DI4 对应二进制位的最高位，DI1 对应二进制位的最低位，根据 4 个 DI 的激活情况组成二进制数 0000 到 1111 共 16 种状态，对应十进制数 0 到 15，其中 0 对应频率 0 Hz，1 到 15 分别选择固定频率 1（P1001）至固定频率 15（P1015）。

任意一个或多个 DI 触发时变频器均可启动运行，所有 DI 均未触发时变频器停止运行。参数设置如下。

- P0700[0]=2：命令源为端子控制。

笔记

- P1000[0]=3：速度给定为固定频率给定。
- P1016[0]=2：固定频率方式为二进制选择。
- P0701[0]=15：DI1 的功能为固定频率选择位 0。
- P0702[0]=16：DI2 的功能为固定频率选择位 1。
- P0703[0]=17：DI3 的功能为固定频率选择位 2。
- P0704[0]=18：DI4 的功能为固定频率选择位 3。
- P0840[0]=1025.0：ON/OFF1 功能选择为任意一个或多个 DI。
- P1001[0]= 频率 1：固定频率 1 的值。
- P1002[0]= 频率 2：固定频率 2 的值。
- P1003[0]= 频率 3：固定频率 3 的值。
- P1004[0]= 频率 4：固定频率 4 的值。
- P1005[0]= 频率 5：固定频率 5 的值。
- P1006[0]= 频率 6：固定频率 6 的值。
- P1007[0]= 频率 7：固定频率 7 的值。
- P1008[0]= 频率 8：固定频率 8 的值。
- P1009[0]= 频率 9：固定频率 9 的值。
- P1010[0]= 频率 10：固定频率 10 的值。
- P1011[0]= 频率 11：固定频率 11 的值。
- P1012[0]= 频率 12：固定频率 12 的值。
- P1013[0]= 频率 13：固定频率 13 的值。
- P1014[0]= 频率 14：固定频率 14 的值。
- P1015[0]= 频率 15：固定频率 15 的值。

其中，参数 r1025.0 表示固定频率状态位，当作为固定频率选择位的任意一个或多个 DI 触发时，r1025.0=1，否则 r1025.0=0。设置 P0840[0]=1025.0，实现 DI 既作为频率选择，又作为 ON/OFF1 命令的功能。

按照上述参数设置后，触发 DI1、DI2、DI3 和 DI4，根据 4 个 DI 的不同组合得到对应的频率给定，如表 3-23 所示。

表 3-23 二进制选择频率给定对应频率

十进制	DI4	DI3	DI2	DI1	频率给定 /Hz
0	0	0	0	0	0
1	0	0	0	1	频率 1
2	0	0	1	0	频率 2
3	0	0	1	1	频率 3

续表

十进制	DI4	DI3	DI2	DI1	频率给定 /Hz
4	0	1	0	0	频率 4
5	0	1	0	1	频率 5
6	0	1	1	0	频率 6
7	0	1	1	1	频率 7
8	1	0	0	0	频率 8
9	1	0	0	1	频率 9
10	1	0	1	0	频率 10
11	1	0	1	1	频率 11
12	1	1	0	0	频率 12
13	1	1	0	1	频率 13
14	1	1	1	0	频率 14
15	1	1	1	1	频率 15

技 能 训 练

SNIAMICS V20 变频器直接选择模式运行

1. 训练目的

（1）熟悉变频器固定频率的直接选择模式。

（2）会设置固定频率的直接选择模式参数。

（3）能正确完成变频器外部接线。

（4）会调试变频器固定频率功能。

（5）能正确记录变频器调试数据。

2. 训练要求

使用 SINAMICS V20 变频器控制离心机工作，要求变频器在外部开关的控制下实现离心机的固定频率运行方式。

（1）开关 KA1 控制变频器驱动离心机的电动机的启动 / 停止。

（2）接通开关 KA2、KA3 和 KA4，变频器分别以固定频率 5 Hz、15 Hz、20 Hz 运行。

（3）斜坡上升时间 12 s，斜坡下降时间 12 s。

笔记

107

笔记

3. 训练准备

SNIAMICS V20 变频器直接选择模式运行技能器件如表 3-24 所示。

表 3-24　SNIAMICS V20 变频器直接选择模式运行器件表

序号	名称	备注
1	断路器	2P-10 A/230 V
2	SINAMICS V20 变频器	6SL3210-5BB12-5UV1（1 AC200~240 V，0.25 kW，1.7 A，FSAA）
3	三相异步电动机	额定电流 0.3 A，额定功率 60 W，额定频率 50 Hz，额定转速 1430 rpm，功率因数 0.85
4	开关、按钮	2 A/24 V
5	线缆及接线工具	主电路 1.5 mm²，控制电路 0.5 mm²；十字螺丝刀，压线钳等

4. 电路连接

按照图 3-23 所示的电路原理图连接 SNIAMICS V20 变频器的电源和电动机的线路，L1、L2 接单相电源，U、V、W 接三相异步电动机，电动机按照星形连接。检查无误后，连接变频器控制电路。

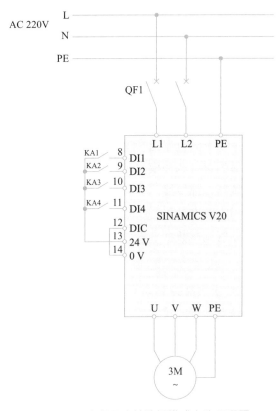

图 3-23　变频器直接选择模式电路原理图

5. 变频器参数设置

（1）检查电路接线无误，闭合 QF1，变频器上电，显示正常。

（2）变频器恢复出厂设置。

（3）快速调试设置电动机相关参数，然后设置变频器其他功能参数如表 3-25 所示。

表 3-25   变频器固定变频直接选择模式运行参数设置表

序号	变频器参数	出厂值	设定值	功能说明
1	P0304	230	220	电动机的额定电压（380 V）
2	P0305	1.79	0.3	电动机的额定电流（0.3 A）
3	P0307	0.37	0.06	电动机的额定功率（60 W）
4	P0310	50	50	电动机的额定频率（50 Hz）
5	P0311	1395	1430	电动机的额定转速（1430 rpm）
6	P0700	1	2	选择命令源（由端子排输入）
7	P0701	0	1	ON/OFF1
8	P0702	12	15	固定频率选择器位 0
9	P0703	9	16	固定频率选择器位 1
10	P0704	15	17	固定频率选择器位 2
11	P1000	1	3	固定频率
12	P1080	0	0	电动机的最小频率（0 Hz）
13	P1082	50	50	电动机的最大频率（50 Hz）
14	P1120	10	12	斜坡上升时间（12 s）
15	P1121	10	12	斜坡下降时间（12 s）
16	P1001	10	5	固定频率 1
17	P1002	15	15	固定频率 2
18	P1003	25	20	固定频率 3
19	P1016	1	1	直接选择模式

注：①设置参数前先将变频器参数复位为工厂的缺省设定值；
②设定 P0003=2 允许访问扩展参数；
③设定电机参数时先设定 P0010=1（快速调试），参数设置完成后设定 P0010=0（准备）。

6. 变频器运行调试

变频器完成参数设置后，可以按照如下步骤，实现变频器以固定频率输出驱

笔记

动电动机多段速运行。

（1）闭合开关 KA1，变频器允许运行。

（2）控制开关 KA2、KA3、KA4 的闭合与断开，观察并记录变频器的输出频率。

（3）固定频率的数值根据表 3-26 选择。

（4）断开开关 KA1，变频器停止运行。

根据调试过程填写表 3-26，填写开关 KA1 的状态，记录变频器运行状态（0- 断开；1- 接通）。

表 3-26　变频器直接选择模式运行数据记录表

KA1	KA4	KA3	KA2	输出频率 /Hz	电机转速 /rpm
	0	0	0		
	0	0	1		
	0	1	0		
	1	0	0		
	0	1	1		
	1	1	0		
	1	1	1		

7. 考核与评价

SINAMICS V20 变频器直接选择模式运行考核评价如表 3-27 所示。

表 3-27　SINAMICS V20 变频器直接选择模式运行考核评价表

任务序号	评价内容	权重 /%	评分
1	正确连接电源、变频器与电动机的硬件线路	10	
2	变频器参数复位和快速调试，合理设置变频器参数	10	
3	直接选择模式功能参数设置正确	20	
4	变频器直接选择模式运行功能调试情况	20	
5	正确观察变频器的运行参数	10	
6	数据记录完整、正确	10	
7	合理施工，操作规范，在规定时间完成任务	10	

续表

任务				
序号	评价内容	权重 /%	评分	
8	无旷课、迟到现象，团队意识强（工具保管、使用、收回情况，设备摆放情况，场地整理情况）	10		
总分				
日期		学生		教师

笔记

SINAMICS V20 变频器二进制选择模式运行

1. 训练目的

（1）熟悉变频器固定频率的二进制选择模式。

（2）会设置二进制选择模式参数。

（3）能正确完成变频器外部接线。

（4）会调试变频器固定频率二进制选择功能。

（5）能正确记录变频器调试数据。

2. 训练要求

SINAMICS V20 变频器控制系统，以固定频率二进制选择模式运行，要求变频器在外部开关的控制下实现七段固定频率运行。

（1）开关 KA1 接通，变频器启动。开关 KA2、KA3、KA4 按照二进制编码方式组合接通，控制变频器运行频率分别为 10 Hz、20 Hz、30 Hz、45 Hz、35 Hz、-15 Hz、-35 Hz。

（2）开关 KA1 断开，变频器停止运行。

（3）斜坡上升时间 8 s，斜坡下降时间 8 s。

3. 训练准备

SINAMICS V20 变频器二进制选择模式运行所需器件如表 3-28 所示。

表 3-28　SINAMICS V20 变频器二进制选择模式运行所需器件表

序号	名称	备注
1	断路器	2P-10 A/230 V
2	SINAMICS V20 变频器	6SL3210-5BB12-5UV1（1 AC200~240 V，0.25 kW，1.7 A，FSAA）
3	三相异步电动机	额定电流 0.3 A，额定功率 60 W，额定频率 50 Hz，额定转速 1430 rpm，功率因数 0.85

笔记

序号	名称	备注
4	开关、按钮	2 A/24 V
5	线缆及接线工具	主电路 1.5 mm², 控制电路 0.5 mm²；十字螺丝刀，压线钳等

4. 电路连接

参考图 3-23 所示电路原理图，连接变频器的电源和电动机的线路，L1、L2 接单相电源，U、V、W 接三相异步电动机，电动机按照星形连接。检查无误后，连接变频器控制电路。

5. 变频器参数设置

（1）检查电路接线无误，闭合 QF1，变频器上电，显示正常。

（2）变频器恢复出厂设置。

（3）快速调试。

（4）变频器参数设置如表 3-29 所示。

表 3-29　SINAMICS V20 变频器二进制选择模式运行参数设置

序号	变频器参数	出厂值	设定值	功能说明
1	P0304	230	220	电动机的额定电压（380 V）
2	P0305	1.79	0.3	电动机的额定电流（0.3 A）
3	P0307	0.37	0.06	电动机的额定功率（60 W）
4	P0310	50.00	50.00	电动机的额定频率（50 Hz）
5	P0311	1395	1430	电动机的额定转速（1430 rpm）
6	P1000	1	3	固定频率
7	P1080	0	0	电动机的最小频率（0 Hz）
8	P1082	50	50	电动机的最大频率（50 Hz）
9	P1120	10	8	斜坡上升时间（8 s）
10	P1121	10	8	斜坡下降时间（8 s）
11	P0700	1	2	选择命令源（由端子排输入）
12	P0701	0	0	ON/OFF1
13	P0702	12	15	固定频率选择器位 0
14	P0703	9	16	固定频率选择器位 1
15	P0704	15	17	固定频率选择器位 2

续表

序号	变频器参数	出厂值	设定值	功能说明
16	P1001	10	10	固定频率 1
17	P1002	15	20	固定频率 2
18	P1003	25	30	固定频率 3
19	P1004	50	45	固定频率 4
20	P1005	0	35	固定频率 5
21	P1006	0	-15	固定频率 6
22	P1007	0	-35	固定频率 7
23	P1016	1	2	二进制选择模式
24	P0840	722.0	1025.0	以所选的固定转速启动

注：①设置参数前先将变频器参数复位为工厂的缺省设定值。

②设置参数，考虑参数 P0003 的访问等级设置，才能访问到扩展参数。

③设定电机参数时先设定 P0010=1（快速调试），参数设置完成后设定 P0010=0（准备）。

④需要设置参数 P0005=22，在显示菜单可以查看电动机转速，显示转速 = 滤波输出频率（Hz）× 120/ 极数。

6. 变频器运行调试

变频器完成参数设置后，操作开关控制电动机多段速运行。

（1）变频器运行。接通开关 K1，变频器运行，按表 3-30 分别接通开关 KA2、KA3、KA4，给出变频器运行频率，观察并记录变频器的输出频率。

（2）各个固定频率的数值由参数设置（表中，0- 断开；1- 接通）。

（3）根据调试过程填写表 3-30，记录变频器运行状态。

表 3-30　变频器二进制选择模式运行数据记录表

KA4	KA3	KA2	KA1	输出频率 /Hz	电机转速 /rpm
0	0	0			
0	0	1			
0	1	0			
0	1	1			
1	0	0			
1	0	1			
1	1	0			
1	1	1			

笔记

7. 考核与评价

SINAMICS V20 变频器二进制选择模式运行考核评价如表 3-31 所示。

表 3-31　SINAMICS V20 变频器二进制选择模式运行考核评价表

任务序号	评价内容	权重 /%	评分
1	正确连接电源、变频器与电动机的硬件线路	10	
2	能完成变频器参数复位和快速调试，合理设置变频器参数	10	
3	合理设置选择二进制选择模式参数	20	
4	二进制选择模式运行调试情况	20	
5	会观察变频器的运行参数	10	
6	数据记录完整、正确	10	
7	合理施工，操作规范，在规定时间完成任务	10	
8	无旷课、迟到现象，团队意识强（工具保管、使用、收回情况，设备摆放情况，场地整理情况）	10	
总分			
日期	学生	教师	

问 题 与 思 考

1. 变频器的运转指令给定方式有_____、_____和_____三种方式。

2. 变频器的频率给定方式主要有_____、_____、_____和_____。

3. SINAMICS V20 变频器固定频率设定值运行功能包括_____和_____两种模式。

4. SINAMICS V20 变频器的固定频率运行可以通过参数 P1016 设置运行方式，P1016=_____，固定频率运行是直接选择模式，P1016=_____，固定频率运行是二进制选择模式。

5. 简述 SINAMICS V20 变频器固定频率运行直接选择模式功能。

_____

_____

_____

_____

_____

6. 简述 SINAMICS V20 变频器固定频率运行二进制选择模式功能。

任务 3.4　变频器模拟量调节电动机转速

任务引入

变频器不仅具有数字量输入端子（控制启动和停止的功能），还具有模拟量输入端子，该端子通过连续变化的模拟量输入，调节变频器的频率，从而控制电动机实现无级调速。模拟量的输入还可以构成闭环控制，实现对控制对象的精确控制。

本任务的学习目标是，了解变频器模拟量端子的接线及结构，掌握模拟量端子的参数设置及标定方法，能够通过模拟量输入改变变频器的输出频率，调节电动机的转速。

3.4.1　模拟量输入 / 输出端子

SINAMICS V20 变频器配备 2 路模拟量输入和 1 路模拟量输出。模拟量输入，既可以是电压信号也可以是电流信号，模拟量输出只能是电流信号，外形尺寸 FSAA/FSAB 模拟量端子分布如图 3-24 所示。

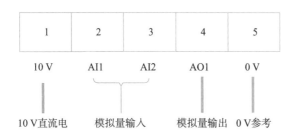

图 3-24　外形尺寸 FSAA/FSAB 模拟量端子分布示意图

模拟量信号均可进行配置。模拟量输入信号可配置为变频器的速度给定、转矩给定、连接 PID 反馈传感器等功能。模拟量输出信号可配置为变频器运行频率输出、实际电流输出、实际转矩输出等功能。

1. 模拟量输入端子

SINAMICS V20 变频器的 2 路模拟量输入，支持电压和电流信号输入，SINAMICS V20 变频器同时为模拟量输入通道配备了内部 10 V 直流电源输出，

笔记

模拟量输入端子如表 3-32 所示。

表 3-32　SINAMICS V20 变频器模拟量输入端子明细

端子编号	功能说明
1	内部 10 V 电源的正极（使用电位器时可为电位器供电）
5	内部 10 V 电源的参考 0 电位（模拟量输入和输出的参考电位）
2	模拟量输入 AI1 信号
3	模拟量输入 AI2 信号

端子 1、5 输出高精度直流 10 V 电源，通常为模拟量输入提供电源，模拟量输入通道 1 或 2 外接可调电位器，改变输入通道的电压。

模拟量输入通道 1（AI1）为单端双极性输入，可设置为 0~10 V 电压输入、-10 V~10 V 电压输入和 0~20 mA 电流输入三种输入模式。

模拟量输入通道 2（AI2）为单端单极性输入，可设置为 0~10 V 电压输入和 0~20 mA 电流输入两种输入模式。

模拟量输入类型通过参数 P0756 设置，两个通道分别使用 in000 和 in001 两个下标区分，其中下标 in000 代表 AI1，下标 in001 代表 AI2，参数 P0756 取值含义如下。

- 0：0 V 到 10 V 电压输入。
- 1：0 V 到 10 V 电压输入，带监控功能。
- 2：0 mA 到 20 mA 电流输入。
- 3：0 mA 到 20 mA 电流输入，带监控功能。
- 4：-10 V 到 10 V 电压输入。

变频器可以使用参数 r0752 显示实际输入的电压或电流值。

2. 模拟量输出端子

SINAMICS V20 变频器共有一个模拟量输出 AO1，为单端单极性输出，输出范围为 0~20 mA，可通过模拟量输出标定设置为 4~20 mA 输出，可以在 AO1 和 0 V 两个接线端子之间连接 500 Ω 精密电阻，将输出电流转换为 0~10 V 电压。

模拟量输出通过参数 P0771 设定模拟量输出功能，连接 CO 参数，只有 in000 一个下标，一组参数值，代表模拟量输出 AO1。参数 P0771 取值含义如下。

- 21：实际频率（标定至 P2000）。
- 24：实际输出频率（标定至 P2000）。
- 25：实际输出电压（标定至 P2001）。
- 26：实际直流母线电压（标定至 P2001）。
- 27：实际输出电流（标定至 P2002）。

3.4.2　模拟量的标定

模拟量标定就是确定模拟量与变频器过程量之间的线性关系，例如，模拟量输入作频率设定值时，0~20 mA 对应 0~50 Hz；模拟量输出作实际电流输出时，0~20 mA 对应 0~100 A；那么如何确定上述的对应关系呢？

无论模拟量输入还是模拟量输出都采用两点确定一条直线的方法，标定模拟量值与经过百分比处理的过程量之间的关系。默认情况下 0~10 V（或 0~20 mA）对应于 0%~100% 的过程量。100% 对应多大的实际物理量在基准参数中定义，常见的基准参数如下。

- P2000：基准频率，默认值是电机额定频率。
- P2001：基准电压，默认值是 1000 V。
- P2002：基准电流，默认值是电机额定电流 2 倍。
- P2003：基准转矩，默认值是电机额定转矩 2 倍。

基准参数可根据用户需要修改，修改基准参数后只会影响模拟量输入、输出和通信表示实际物理量的线性关系，并不影响变频器内部运行。例如，模拟量输入标定位 0~10 V 对应 0%~100%，P2000=50 Hz，那么当模拟量输入为 4 V 时变频器运行 20 Hz；模拟量输出标定位 0~20 mA 对应 0%~100%，P2002=100 A，那么当模拟量输出 10 mA 时变频器的实际输出电流为 50 A。

变频器模拟量输入出厂标定默认是一条过零点的直线，即 0~10 V 对应 0%~100%，P2000=50 Hz，如图 3-25 所示。

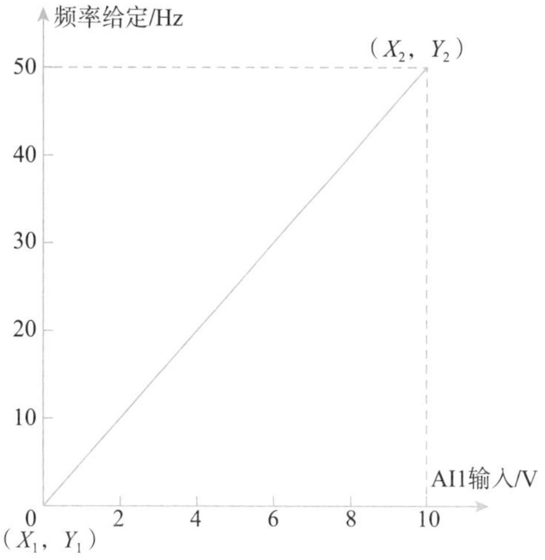

图 3-25　模拟量输入默认标定线

1. 模拟量输入标定

模拟量输入标定的作用是生成一条直线，形成实际输入电压或电流与模拟量输入百分数之间的一一对应关系。其中 P0757、P0758、P0759 和 P0760 用于设定 A (X_1，Y_1) 和 B (X_2，Y_2) 两个点，由这两点形成一条直线，其横坐标为实际输入电压（V）或电流（mA），纵坐标为过量百分数。P0761 为死区宽度，模拟量输入标定参数如下。

- P0757：标定 X_1 值。
- P0758：标定 Y_1 值。
- P0759：标定 X_2 值。
- P0760：标定 Y_2 值。

• P0761：模拟量输入死区。

例 3-1：如何设置 AI1 模拟量输入 0~10 V 信号对应 0~40 Hz 的频率？

默认情况下 10 V 对应于电机额定频率（通常为 50 Hz），如果需要设置 10 V 对应于 40 Hz，可以通过修改基准频率 P2000 实现，参数设置如下。

• P0756[0]=0，模拟量输入类型：电压输入。

• P0757[0]=0，标定 X_1 值 =0 V。

• P0758[0]=0.0，标定 Y_1 值 =0%。

• P0759[0]=10，标定 X_2 值 =10 V。

• P0760[0]=100.0，标定 Y_2 值 =100%。

• P0761[0]=0，模拟量输入死区。

• P2000[0]=40，基准频率 40 Hz。

例 3-2：电机额定频率为 50 Hz，模拟量输入 4 mA 到 20 mA，连接到 AI1 作为频率给定源。

电流信号作为模拟量输入，默认 0~20 mA 对应过程量的 0%~100%。这里确定新的对应关系 4 mA 对应 0 Hz，20 mA 对应 50 Hz，标定参数设置如下。

• P1000[0]=2，频率给定源选择为模拟量设定值。

• P2000[0]=50.00，基准频率设置为 50 Hz。

• P0756[0]=2，设置模拟量输入类型为 0~20 mA。

• P0757[0]=4.00，直线上第一个点的横坐标 X_1 为 4 mA。

• P0758[0]=0.00，直线上第一个点的纵坐标 Y_1 为 0%，对应 0 Hz。

• P0759[0]=20.00，直线上第二个点的横坐标 X_2 为 20 mA。

• P0760[0]=100.00，直线上第二个点的纵坐标 Y_2 为 100%，对应 50 Hz。

• P0761[0]=4.00，死区宽度为 4 mA。

2. 模拟量输出标定

模拟量输出标定的作用是生成一条直线，形成模拟量输出百分数与实际输出电流之间的一一对应关系。其中 P0777、P0778、P0779 和 P0780 用于设定 A (X_1，Y_1) 和 B (X_2，Y_2) 两个点，由该两点形成一条直线，其横坐标为模拟量输出百分数，纵坐标为电流值（mA）。P0781 为死区宽度，设置该参数可将上述直线起始部分的斜率改为 0（与 X 轴平行的直线）。输出负的设定频率时可以设置 P0775[0]=1，允许绝对值输出，否则模拟量输出为死区值。

例 3-3：电机额定频率为 50 Hz，设定模拟量输出为实际输出频率，设定相关参数。

模拟量输出标定通过两点确定输出线性关系，0 Hz 至 50 Hz 对应 4 mA 至 20 mA，标定参数设置如下。

• P2000[0]=50.00，基准频率设置为 50 Hz。

- P0771[0]=21.0，模拟量输出为实际输出频率。
- P0777[0]=0.00，直线上第一个点的横坐标 X_1 为 0%，对应 0 Hz。
- P0778[0]=4.00，直线上第一个点的纵坐标 Y_1 为 4 mA。
- P0779[0]=100.00，直线上第二个点的横坐标 X_2 为 100%，对应 50 Hz。
- P0780[0]=20.00，直线上第二个点纵坐标 Y_2 为 20 mA。
- P0781[0]=4.00，死区宽度为 4 mA。

例 3-4：模拟量输出 4 mA 至 20 mA 信号对应 0 A 至 90 A 电流的标定设置。

默认情况下 20 mA 对应于电机额定电流的 2 倍，如果需要设置 20 mA 对应于 90 A，可以通过修改基准电流 P2002 实现，标定参数设置如下。

- P0771[0]=27，模拟量输出为实际输出电流。
- P0777[0]=0，标定 X_1 值 =0%。
- P0778[0]=4，标定 Y_1 值 =4 mA。
- P0779[0]=100.0，标定 X_2 值 =100%。
- P0780[0]=20，标定 Y_2 值 =20 mA。
- P0781[0]=4，模拟量输出死区。
- P2002[0]=90，基准电流 =90 A。

技能训练

SINAMICS V20 变频器模拟量调节电动机转速

1. 训练目的

（1）熟悉变频器模拟量输入端子功能。

（2）熟练使用变频器设置模拟量参数。

（3）能正确完成变频器模拟量端子接线。

（4）会设置变频器模拟量参数，会进行模拟量标定。

（5）能正确记录变频器调试数据。

2. 训练要求

（1）数字输入端子 8（DI1）外接开关 KA1 控制变频器正向启动和停止。

（2）数字输入端子 9（DI2）外接开关 KA2 控制变频器反向启动和停止。

（3）斜坡上升时间 12 s，斜坡下降时间 8 s。

（4）模拟输入通道 AI1 外接电位器，输入 0~10 V，调节变频器输出频率 0~50 Hz 变化。

（5）观察并记录输入电压或电流与输出频率之间的关系。

（6）扩展功能 1。输入 2~8 V 调节电压，变频器输出频率 0~50 Hz 变化。

（7）扩展功能 2。输入 0~20 mA 电流，变频器输出频率 0~50 Hz 变化。

笔记

笔记

3. 训练准备

SINAMICS V20 变频器模拟量控制电动机运行技能训练所需器件如表 3-33 所示。

表 3-33　SINAMICS V20 变频器模拟量控制电动机运行器件表

序号	名称	备注
1	断路器	2P-10 A/230 V
2	SINAMICS V20 变频器	6SL3210-5BB12-5UV1（AC200~240 V，4.5 A，50 Hz）
3	三相异步电动机	额定电流 0.3 A，额定功率 60 W，额定频率 50 Hz，额定转速 1430 rpm，功率因数 0.85
4	开关、按钮	2 A/24 V
5	线缆及接线工具	主电路 1.5 mm²，控制电路 0.5 mm²；十字螺丝刀，压线钳等
6	电位器	10 kΩ/1 W

4. 电路连接

按照图 3-26 所示运行原理图连接 SINAMICS V20 变频器的电源和电动机的线路，L1、L2 接单相电源，U、V、W 接三相异步电动机，电动机按照星形连接。检查无误后，连接变频器控制电路。模拟量输入可以用直流可调电压源替代电位器，直接连接端子 AI1 和 0 V。

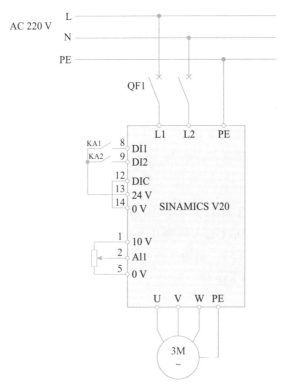

图 3-26　变频器模拟量控制电动机运行原理图

5. 变频器参数设置

（1）检查电路接线无误，闭合 QF1，变频器上电，显示正常。

（2）变频器恢复出厂设置操作。

（3）快速调试。

（4）变频器设置参数如表 3-34 所示。

表 3-34　SINAMICS V20 变频器模拟量控制电动机运行参数设置

序号	变频器参数	出厂值	设定值	功能说明
1	P0304	230	220	电动机的额定电压（380 V）
2	P0305	1.79	0.3	电动机的额定电流（0.3 A）
3	P0307	0.37	0.06	电动机的额定功率（60 W）
4	P0310	50	50	电动机的额定频率（50 Hz）
5	P0311	1395	1430	电动机的额定转速（1430 rpm）
6	P1000	1	2	模拟量输入为频率给定方式
7	P1080	0	0	电动机的最小频率（0 Hz）
8	P1082	50	50	电动机的最大频率（50 Hz）
9	P1120	10	12	斜坡上升时间（12 s）
10	P1121	10	8	斜坡下降时间（8 s）
11	P0700	1	2	选择命令源（由端子排输入）
12	P0701	0	1	ON/OFF1
13	P0702	0	2	ON/OFF1
14	P0756	0	0	模拟量输入类型
15	P0757	0	0	模拟量输入标定的 X_1 值
16	P0758	0	0.0	模拟量输入标定的 Y_1 值 /%
17	P0759	10	10	模拟量输入标定的 X_2 值
18	P0760	100	100	模拟量输入标定的 Y_2 值 /%
19	P0761	0	0	死区
20	P2000	50	50	基准频率 /Hz

注：①设置参数前先将变频器参数复位为工厂的缺省设定值；

②设定 P0003=2 允许访问扩展参数；

③设定电机参数时先设定 P0010=1（快速调试），参数设置完成后设定 P0010=0（准备）；

④需要设置参数 P0005=22，在显示菜单可以查看电动机转速。

笔记

6. 变频器运行调试

变频器完成参数设置后，可以按照如下步骤，通过端子启动电动机运行，电位器调节电动机转速。

（1）电位器逆时针旋转到底，阻值为 0。

（2）电动机正转。闭合开关 KA1，顺时针旋转电位器，调节电动机转速正向运行。

（3）电动机反转。闭合开关 KA2，逆时针旋转电位器，调节电动机转速反向运行。

（4）观察并记录变频器的运行状态，如表 3-35 所示。

表 3-35　SINAMICS V20 变频器模拟量控制电动机运行记录表

开关状态	输入电压 /V	输出频率 /Hz	电机转速 /rpm	转向
闭合 KA1	0			
	1			
	3			
	5			
	7			
	9			
闭合 KA2	0			
	2			
	6			
	8			
	10			

7. 考核与评价

SINAMICS V20 变频器模拟量控制电动机运行考核评价如表 3-36 所示。

表 3-36　SINAMICS V20 变频器模拟量控制电动机运行考核评价表

任务			
序号	评价内容	权重 /%	评分
1	正确连接电源、变频器与电动机的硬件线路	10	
2	能完成变频器参数复位和快速调试，合理设置变频器参数	10	
3	变频器数字输入、模拟量参数设置正确	15	

续表

笔记

任务			
序号	评价内容	权重 /%	评分
4	电动机运行、模拟量调速功能情况	15	
5	会观察变频器的运行参数	10	
6	扩展功能情况	10	
7	数据记录完整、正确	10	
8	合理施工，操作规范，在规定时间完成任务	10	
9	无旷课、迟到现象，团队意识强（工具保管、使用、收回情况，设备摆放情况，场地整理情况）	10	
总得分			
日期	学生	教师	

问题与思考

1. SINAMICS V20 变频器模拟量输入有_____个通道，模拟量输出有_____个通道。

2. SINAMICS V20 变频器模拟量输入支持_____和_____信号输入。

3. SINAMICS V20 变频器模拟量输入通道 1 有_____电压输入、_____电压输入和_____电流输入三种输入模式。

4. SINAMICS V20 变频器模拟量输入通道 2 有_____电压输入和_____电流输入两种输入模式。

5.SINAMICS V20 变频器模拟量输出 AO1，可以输出范围为_____的电流信号。

6.SINAMICS V20 变频器模拟量的标定通过参数设定过程量的范围，参数 P2000 设定基准频率，默认值是电机_____。

7.SINAMICS V20 变频器模拟量的标定通过参数设定过程量的范围，参数 P2001 设定基准电压，默认值是_____V。

8.SINAMICS V20 变频器模拟量的标定通过参数设定过程量的范围，参数 P2002 设定基准电流，默认值是电机_____。

9.SINAMICS V20 变频器模拟量的标定通过参数设定过程量的范围，参数 P2003 设定基准转矩，默认值是电机_____。

10.SINAMICS V20 变频器模拟量输入出厂标定默认是一条过零点的直线，即 0~10 V 对应 0%~100%，P2000=_____Hz。

123

11. SINAMICS V20 变频器模拟量输出标定是模拟量输出百分数与实际输出电流之间的线性关系，其横坐标为_____，纵坐标为_____。

12. 如何设置 SINAMICS V20 变频器模拟量输入 2~10 V 信号对应 0~50 Hz 的频率？

_____

_____

_____

_____

13. 如何设置 SINAMICS V20 变频器模拟量输入 4~20 mA 信号对应 0~40 Hz 的频率？

_____

_____

_____

任务 3.5　SINAMICS V20 变频器的 PID 控制

任务引入

PID（proportional integral derivative）控制是最早发展起来的控制策略之一，由于其算法简单、鲁棒性好和可靠性高，广泛应用于工业过程控制，适用于温度、压力、流量、液位等现场。SINAMICS V20 变频器内置 PID 功能，结合外部传感器，与变频器构成闭环控制，广泛应用在风机、泵类等节能设备上。

本任务的学习目标是，了解 PID 控制原理，了解恒压供水系统的结构和原理，掌握变频器的 PID 参数功能及设置方法，掌握变频器恒压供水的实现方法。

3.5.1　PID 控制原理

PID 控制就是比例（P）、积分（I）、微分（D）控制，系统引入 PID 环节，构成闭环控制。系统测量元件通常采用传感器，测得的反馈信号（实际信号）与被控量的给定目标信号进行比较，判断是否已经达到预定的控制目标，如果尚未达到预定目标值，则根据两者之间的差值进行 PID 调节，直到达到预定目标值为止。PID 调节就是根据系统的误差，利用比例、积分、微分计算出控制量输出控制执行机构动作，向偏差减小的方向运行，实际操作中也有 PI 和 PD 控制，控制原理如图 3-27 所示。

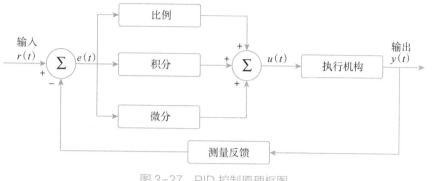

图 3-27　PID 控制原理框图

PID 一般算式及模拟控制规律：

$$u_t = K_p e^t + K_i \int_0^T e(\tau) \, d\tau + K_d \frac{de(t)}{dt} \tag{3-1}$$

1. 比例控制

比例控制也称为比例增益环节，是一种最简单的控制方式。其控制器的输出信号 $u(t)$ 与输入误差信号 $e(t)$ 成比例关系，$u_t = K_p e(t)$，式中，K_p 为放大倍数，也称为比例增益。

系统产生误差信号时比例控制器立即发生作用以减小偏差。当仅有比例控制时，系统输出存在稳态误差。增大比例增益，系统的响应速度变快，但同时会使系统振荡加剧，稳定性变差。比例系数的确定是在响应的快速性与平稳性之间进行折中。比例控制的动态响应曲线如图 3-28 所示。

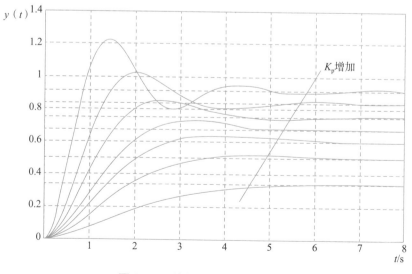

图 3-28　比例控制动态响应曲线

2. 积分控制

在积分控制中，其控制器的输出信号 $u(t)$ 与输入误差信号 $e(t)$ 成积分关系，即 $ut=K_i\int_0^T e(\tau)\mathrm{d}\tau$。随着时间的增加，积分项会增大，只要偏差不为零，偏差就不断累积，从而使控制量不断增大或减小，直到偏差为零为止。因此，积分控制是一种无差控制系统，主要用于消除静差。积分控制的动态响应曲线如图 3-29 所示。

积分控制作用比较缓慢，一般和比例作用配合组成 PI 调节器，不单独使用。比例 + 积分（PI）控制器，可以使系统在进入稳态后无稳态误差。PI 控制的 P 控制在偏差出现时，迅速反应输入的变化，I 控制使输出逐渐增加，最终消除稳态误差。

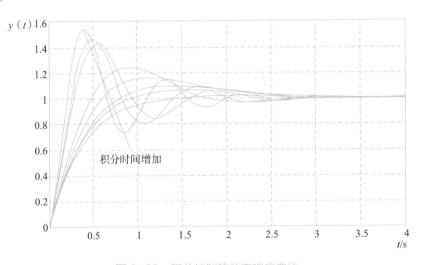

图 3-29　积分控制的动态响应曲线

3. 微分控制

在微分控制中，其控制器的输出信号 $u(t)$ 与输入误差信号 $e(t)$ 成微分关系。即，控制器的输出与输入误差信号的微分（即误差的变化率）成正比关系 $ut=K_d\dfrac{\mathrm{d}e(t)}{\mathrm{d}t}$。

一般的控制系统，不仅对稳定控制有要求，而且对动态指标也有要求，通常要求负载变化或给定调整等引起扰动后，恢复到稳态的速度要快，因此仅有比例和积分调节作用还不能完全满足要求，必须引入微分控制。

比例控制和积分控制是事后调节（即发生误差后才进行调节），而微分作用则是事前预防控制，用来防止出现过冲或超调等。D 越大，微分控制越强，D 越小，微分控制越弱。

微分控制只在系统的动态过程中起作用，系统达到稳态后微分控制对控制量没有影响，所以不能单独使用，一般是和比例、积分控制一起构成 PD 或 PID 控制器。微分控制动态响应曲线如图 3-30 所示。

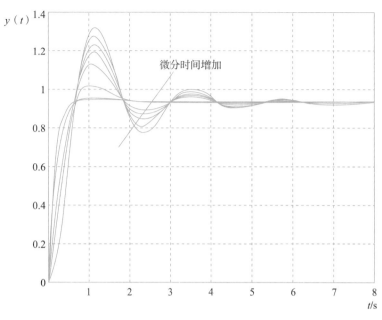

图 3-30 微分控制动态响应曲线

PID 控制器的使用能改善系统在调节过程中的动态特性。PI、PD、PID 控制动态响应曲线对比如图 3-31 所示,从图中可以看出,PID 控制器调节既兼顾了系统的快速响应,又能够基本消除静差,避免系统产生震荡,可以达到较为理想的控制效果。

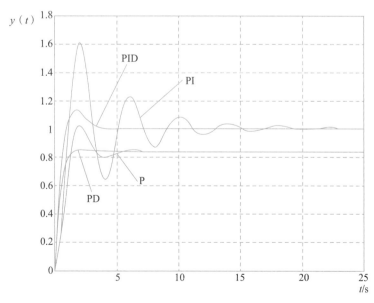

图 3-31 PI、PD、PID 控制动态响应曲线对比

笔记

3.5.2 SINAMICS V20 变频器 PID 控制

SINAMICS V20 变频器内置的 PID 控制器（工艺控制器）支持多种简单过程控制任务，例如，压力控制、水位控制或流量控制。PID 控制器以受控过程变量对应其设定值的方式来定义电机的速度设定值。PID 控制过程及相关参数如图 3-32 所示。

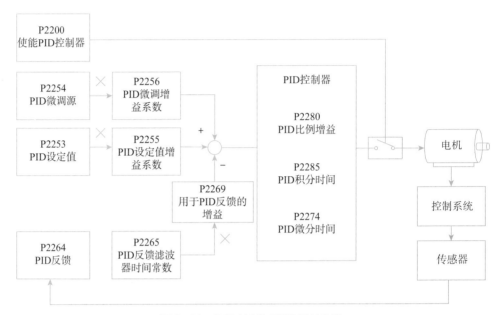

图 3-32　PID 控制过程及相关参数

SINAMICS V20 变频器 PID 控制主要参数功能说明如表 3-37 所示。

表 3-37　SINAMICS V20 变频器 PID 控制主要参数功能说明表

参数	功能	设置
P2200	使能 PID 控制器	=0 禁止 PID 控制；=1 使能 PID 闭环控制器
P2253	CI：PID 设定值	定义 PID 设定值输入的设定值源； 可能的参数值设置：755[0]（模拟量输入 1），2018.1（USS PZD 2），2224（固定 PID 实际设定值），2250（PID-MOP 输出设定值）
P2254	CI：PID 微调源	选择 PID 设定值的微调源； 可能的参数值设置：755[0]（模拟量输入 1），2018.1（USS PZD 2），2224（固定 PID 实际设定值），2250（PID-MOP 输出设定值）
P2255	PID 设定值增益系数	范围：0.00 至 100.00（工厂缺省值：100.00）
P2256	PID 微调增益系数	范围：0.00 至 100.00（工厂缺省值：100.00）

笔记

参数	功能	设置
P2264	CI：PID 反馈	可能的参数值设置：755[0]（模拟量输入 1），2224（固定 PID 实际设定值），2250（PID-MOP 输出设定值）； 工厂缺省值：755[0]
P2265	PID 反馈滤波器时间常数 /s	范围：0.00 至 60.00（工厂缺省值：0.00）
P2269	用于 PID 反馈的增益	范围：0.00 至 500.00（工厂缺省值：100.00）
P2280	PID 比例增益	范围：0.000 至 65.000（工厂缺省值：3.000）
P2285	PID 积分时间 /s	范围：0.000 至 60.000（工厂缺省值：0.000）
P2274	PID 微分时间 /s	范围：0.000 至 60.000（工厂缺省值：0.000，微分时间不产生任何影响）

3.5.3　恒压供水控制原理和调节过程

1. 恒压供水控制原理

采用恒压供水系统的主要目的是保持网管中水压的基本恒定，根据用户用水量的变化，通过 PID 控制，调节水泵电机无级变速，保持网管水压恒定，变频器控制灵活方便，整个系统实现了模块化，结构简单，系统构成方式灵活，可以单泵控制，亦可多泵调速控制。变频恒压供水的原理如图 3-33 所示。

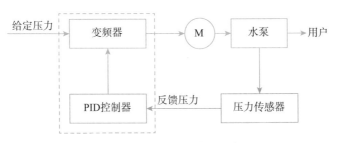

图 3-33　变频恒压供水原理框图

变频恒压供水系统的工作过程是闭环调节的过程。压力传感器安装在网管上，将网管系统中的水压变换为 4~20 mA 或 0~10 V 的标准电信号，送到 PID 控制器中。PID 控制器将反馈压力信号和给定压力信号相比较，经过 PID 运算处理后，仍以标准信号的形式送到变频器并作为变频器的调速给定信号。也可以将压力传感器的信号直接送到具有 PID 调节功能的变频器中，进行运算处理，实现输出频率的改变。

2. 恒压供水调节过程

恒压供水系统主要功能是根据用户用水量的多少，变频器适时调节水泵转速。变频器接收设定压力值和反馈压力值两个信号，通过外部电路或键盘设定目标压力，远传压力表测量网管压力，以模拟量的形式反馈至变频器，系统框图如图 3-34 所示。

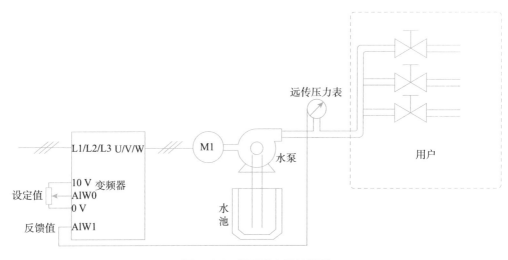

图 3-34　恒压供水系统框图

当网管水流量减小时，供水能力 Q_A 大于用水量 Q_B 则压力上升，反馈信号 X_F 上升，信号差值（X_S-X_F）减小，这使得变频器输出频率 f 降低，电动机转速降低，供水能力 Q_A 减小，直至网管压力大小回到目标设定值，供水能力与用水流量重新达到平衡（$Q_A=Q_B$）时为止；与上述过程相反，当用水流量增加，供水能力 Q_A 小于用水量 Q_B 时，反馈信号 X_F 减小，则信号差值（X_S-X_F）增大，这使得变频器输出频率升高，电动机转速增加，供水能力 Q_A 增加，直至 $Q_A=Q_B$，又达到新的平衡，可以始终保持网管压力稳定。

3.5.4　电力拖动负载类型选择

在电力拖动系统中，生产机械产生负载转矩，电动机产生电磁转矩。负载转矩与转速之间的关系是负载的机械特性，电磁转矩与转速之间的关系是电动机的机械特性，也就是转矩与转速之间的关系。电动机与生产机械的机械特性只有配合得合理，才能得到更好的工作状态。因此，了解负载的机械特性对构建电动机拖动系统有着深远的意义。

1. 恒转矩负载及其特性

在不同的转速下，负载的转矩不变。恒转矩负载的特性如图 3-35 所示。

（1）恒转矩负载转矩的大小和转速大小无关，T_L= 常数，具有恒转矩的特点。

（2）恒转矩负载的功率 P_L（单位为 kW）、转矩 T_L（单位为 N·m），与转速 n 之间的关系是：

$$P_L=\frac{T_L n_L}{9550} \tag{3-2}$$

由式（3-2）表明，恒转矩负载的功率与转速成正比。典型案例：带式输送机和起重机械都是恒转矩负载。

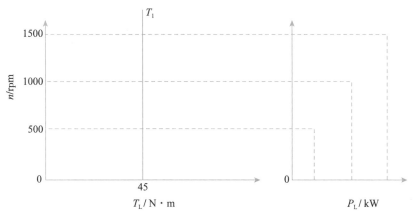

图 3-35　恒转矩负载特性

2. 恒功率负载及其特性

在不同的转速下，负载功率基本保持不变，恒功率负载特性如图 3-36 所示。

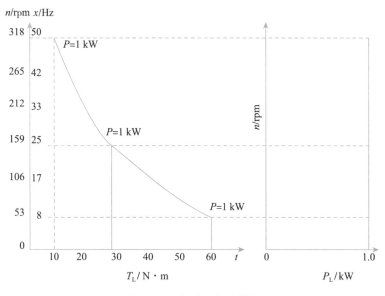

图 3-36　恒功率负载特性

（1）恒功率负载功率的大小与转速无关，P_L= 常数，而其功率基本维持不变。

笔记

（2）恒功率负载的功率 P_L（单位为 kW）与转矩 T_L（单位为 N·m）、转速 n 之间的关系是：

$$T_L = \frac{9550 P_L}{n_L} \qquad (3-3)$$

由式（3-3）可知，恒功率负载转矩的大小与转速成反比。属于这类负载的有各种卷取机械、轧机、车床等设备装置。

3. 二次方律负载及其特性

二次方律负载的转矩与速度的二次方成正比例变化，如风机、水泵、螺旋桨等机械的负载转矩。二次方律负载的特性如图 3-37 所示。

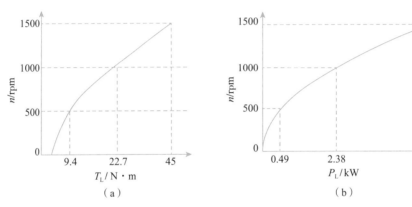

图 3-37　二次方律负载特性

（a）二次方律机械特性；（b）二次方律功率特性

二次方律负载机械在低速时由于流体的流速低，因此负载转矩很小，随着电动机转速的增加，流速增快，负载转矩和功率也越来越大。负载转矩 T_L 与转速 n_L 的二次方成正比，负载功率 P_L 与转速 n_L 的三次方成正比。

3.5.5　SINAMICS V20 变频器 PID 控制恒压供水

1. 硬件接线

SINAMICS V20 变频器可应用于恒压供水系统，通过 BOP 设置固定的压力目标值，使用 4~20 mA 管道压力反馈仪表构成的 PID 控制恒压供水系统，接线如图 3-38 所示。

2. 操作与调试

（1）恢复出厂设置。当调试变频器时，建议执行工厂复位操作，恢复变频器出厂设置。设置参数 P0010 = 30，P0970 = 1。

（2）快速调试。按照表 3-38 完成快速调试参数设置。

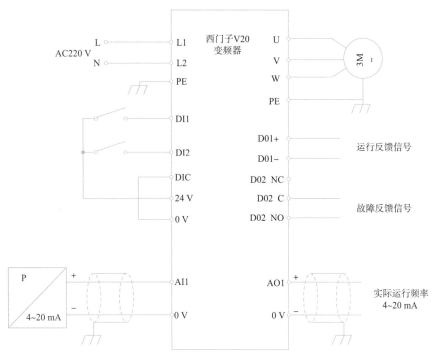

图 3-38　SINAMICS V20 变频器恒压供水典型接线

笔记

表 3-38　快速调试参数设置表

参数	功能	设置
P0003	访问级别	=3（专家级）
P0010	调试参数	=1（快速调试）
P0100	50/60 Hz 频率选择	根据需要设置参数值： =0：欧洲（kW），50 Hz（工厂缺省值）； =1：北美（hp），60 Hz
P0304[0]	电机额定电压 /V	范围：10~2000； 说明：输入的铭牌数据必须与电机接线（星形 /三角形）一致
P0305[0]	电机额定电流 /A	范围：0.01~10000； 说明：输入的铭牌数据必须与电机接线（星形 / 三角形）一致
P0307[0]	电机额定功率 /（kW 或 hp）	范围：0.01~2000.0； 说明：如 P0100=0 或 2，电机功率单位为 kW；如 P0100 =1，电机功率单位为 hp
P0308[0]	电机额定功率因数（cos φ）	范围：0.000~1.000； 说明：此参数仅当 P0100=0 或 2 时可见

笔记

参数	功能	设置
P0309[0]	电机额定效率 /%	范围：0.0~99.9； 说明：仅当 P0100=1 时可见； 此参数设为 0 时内部计算其值
P0310[0]	电机额定频率 /Hz	范围：12.00~599.00
P0311[0]	电机额定转速 /rpm	范围：0~40000
P0314[0]	电机极对数	设置为 0 时内部计算其值
P0320[0]	电机磁化电流 /A	定义相对于电机额定电流的磁化电流； 设置为 0 时内部计算其值
P0335[0]	电机冷却	根据实际电机冷却方式设置参数值： =0：自冷（工厂缺省值）； =1：强制冷却； =2：自冷与内置风扇； =3：强制冷却与内置风扇
P0507	应用宏	=10：普通水泵应用
P0625	电机环境温度	范围：-40~80℃（工厂缺省值：20℃）
P0640[0]	电机过载系数	范围：10.0~400.0（工厂缺省值：150.0）； 说明：该参数相对于 P0305（电机额定电流）定义 电机过载电流极限值。建议保留工厂缺省值
P0700	选择命令源	=2：端子启动
P0717	连接宏	=8：PID 控制与模拟量参考组合
P0727	二线 / 三线控制方式 选择	=0：西门子标准控制（启动 / 方向）
P1000[0]	频率设定值选择	=0：无主设定值
P1080[0]	最小频率 /Hz	范围：0.00~599.00（工厂缺省值：0.00）； 说明：此参数中所设定的值对正转和反转都有效。 例如可设置为 30 Hz
P1082[0]	最大频率 /Hz	范围：0.00~599.00（工厂缺省值：50.00）； 说明：此参数中所设定的值对正转和反转都有效
P1120[0]	斜坡上升时间 /s	范围：0.00~650.00（工厂缺省值：10.00）； 说明：此参数中所设定的值表示在不使用圆弧 功能时使电机从停车状态加速至电机最大频率 （P1082）所需的时间

续表

参数	功能	设置
P1121[0]	斜坡下降时间 /s	范围：0.00~650.00（工厂缺省值：10.00）； 说明：此参数中所设定的值表示在不使用圆弧功能时使电机从电机最大频率（P1082）减速至停车状态所需的时间
P1135[0]	OFF3 斜坡下降时间 /s	范围：0.00~650.00（工厂缺省值：5.00）
P1300[0]	控制方式	=0：具有线性特性的 V/f 控制（潜水泵适用）； =2：具有平方特性的 V/f 控制（离心循环泵适用）
P1900	电机识别	=0：暂时跳过电机辨识
P3900	快速调试结束	=3：仅对电机数据结束快速调试； 说明：在计算结束之后，P3900 及 P0010 自动复位至初始值 0； 变频器显示"8.8.8.8.8"表明其正在执行内部数据处理
P1900	选择电机数据识别	=2：静止时识别所有参数

设置参数 P1900（电机数据识别），变频器屏幕出现三角报警符号。报警号为 A541。此时通过端子启动变频器，开始电机数据识别，待报警符号消失后，电机识别完成。

（3）输入 / 输出端子设置。

① DI 端子设置。

• P0700[0] = 2，端子启动。

• P0701[0] = 1，DI1 作为启动信号。

• P0703[0] = 9，DI3 作为故障复位。

② DO 端子设置。

• P0731[0] = 52.2，DO1 设置为运行信号。

• P0732[0] = 52.3，DO2 设置为故障信号。

• P0748[1] = 1，DO2 作为故障输出，有故障时 NO 触点闭合，无故障时 NO 触点断开。

③ AI 端子设置。

• P0756[0] = 2，模拟量输入通道 1，电流信号。

• P0757[0] = 4，模拟量输入通道 1 标定 X_1=4 mA。

• P0758[0] = 0，模拟量输入通道 1 标定 Y_1=0%。

• P0759[0] = 20，模拟量输入通道 1 标定 X_2=20 mA。

• P0760[0] = 100，模拟量输入通道 1 标定 Y_2=100%。

笔记

- P0761[0] = 4，模拟量输入通道 1 死区宽度 4 mA。

④ AO 端子设置。

- P0771[0] = 21，模拟量输出通道 1，设置为实际频率输出。
- P0773[0] = 50，模拟量输出通道 1，滤波时间 50 ms。
- P0777[0] = 0，模拟量输出通道 标定 X_1=0%。
- P0778[0] = 4，模拟量输出通道 标定 Y_1=4 mA。
- P0779[0] = 100，模拟量输出通道 标定 X_2=100%。
- P0780[0] = 20，模拟量输出通道 标定 Y_2=20 mA。
- P0781[0] = 4，模拟量输出通道死区宽度 4 mA。

（4）PID 恒压控制功能设置。

- P2200[0] = 1，使能 PID 控制器。
- P2240[0] = X，依用户需求设置压力设定值的百分比。
- P2253[0] = 2250，BOP 作为 PID 目标给定源。
- P2264[0] = 755.0，PID 反馈源于模拟通道 1。
- P2265 = 1，PID 反馈滤波时间常数。
- P2274 = 0，微分时间设置。通常微分需要关闭，设置为 0。
- P2280 = P 参数，比例增益设置（需要根据现场调试）。
- P2285 = I 参数，积分时间设置（需要根据现场调试）。

（5）其他可选功能设置。

①斜坡启动、自由停车设置。

- P0701[0] = 99，端子 DI1 使用 BICO 连接功能。
- P0840[0] = 722.0，端子 DI1 设置为启动功能。
- P0852[0] = 722.0，端子 DI1 设置为脉冲使能。

②使用二线制压力反馈仪表的接线如图 3-39 所示。

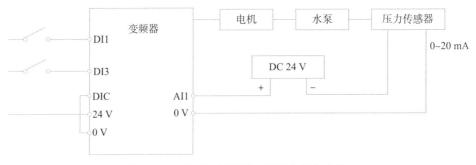

图 3-39　使用二线制压力反馈仪表的接线

③简单休眠功能。SINAMICS V20 变频器具有简单休眠功能：当需求频率低于阈值时电机停转，当需求频率高于阈值时电机启动，特性如图 3-40 所示。

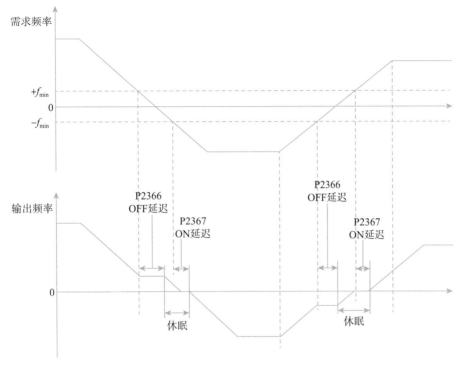

图 3-40　简单休眠模式特性

• P2365[0] = 1，休眠使能 / 禁止，此参数使能或禁止休眠功能。

• P2366[0] = t_1，电机停止前的延迟（s）在休眠使能的情况下，此参数定义变频器进入休眠模式之前的延迟时间。范围：0~254（工厂缺省值：5）。

• P2367[0] = t_2，电机启动前的延迟（s）在休眠使能的情况下，此参数定义变频器退出休眠模式之前的延迟时间。范围：0~254（工厂缺省值：2）。

④捕捉启动功能。水泵启动前可能处在自由旋转状态，为避免启动时出现过电流，可设置捕捉启动功能。

• P1200 = 1，始终激活捕捉启动，双方向有效。

• P1202[0] = 50，以电机额定电流 P305 表示的搜索电流大小。

• P1203[0] = 100，最大 600 ms 的搜索时间。

⑤ BOP 设置目标值记忆。

• P2231[0] = 1，设定值存储激活。

技能训练

SINAMICS V20 变频器 PID 控制电动机运行

1. 训练目的

（1）了解 PID 控制原理。

笔记

（2）熟悉变频器的 PID 功能及参数。

（3）能够通过 PID 功能控制变频器的运行。

2. 训练要求

（1）正确设置变频器输出的额定参数。

（2）通过基本操作面板（BOP）控制电机启动 / 停止。

（3）通过基本操作面板（BOP）改变 PID 控制的设定值。

（4）通过外部模拟量改变 PID 的反馈值（反馈用外部给定模拟）。

3. 训练准备

SINAMICS V20 变频器 PID 控制电动机运行所需器件如表 3-39 所示。

表 3-39　SINAMICS V20 变频器 PID 控制电动机运行器件表

序号	名称	备注
1	断路器	2P-10 A/230 V
2	SINAMICS V20 变频器	6SL3210-5BB12-5UV1（1 AC200~240 V，0.25 kW，1.7 A，FSAA）
3	三相异步电动机	额定电流 0.3 A，额定功率 60 W，额定频率 50 Hz，额定转速 1430 rpm，功率因数 0.85
4	开关、按钮	2 A/24 V
5	线缆及接线工具	主电路 1.5 mm^2，控制电路 0.5 mm^2；十字螺丝刀，压线钳等
6	直流可调电源	0~10 V

4. 电路连接

按照图 3-41 所示电路原理图连接变频器的电源和电动机的线路，L1、L2 接单相电源，U、V、W 接三相异步电动机，电动机按照星形连接。检查无误后，连接变频器控制电路。模拟量输入可以用直流可调电压源替代反馈电压，直接连接端子 AI1 和 0 V。

5. 变频器参数设置

（1）检查电路接线无误，闭合 QF1，变频器上电，显示正常。

（2）变频器恢复出厂设置。

（3）SINAMICS V20 变频器 PID 参数设置如表 3-40 所示。

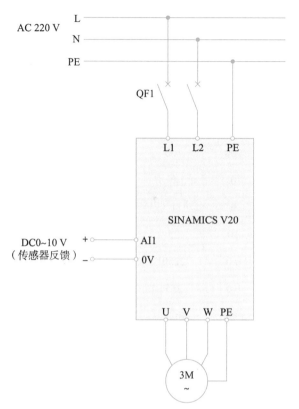

图 3-41　SINAMICS V20 变频器 PID 控制电路原理图

表 3-40　SINAMICS V20 变频器 PID 参数设置表

序号	变频器参数	出厂值	设定值	功能说明
1	P0304	230	220	电动机的额定电压（380 V）
2	P0305	1.79	0.3	电动机的额定电流（0.3 A）
3	P0307	0.37	0.06	电动机的额定功率（60 W）
4	P0310	50	50	电动机的额定频率（50 Hz）
5	P0311	1395	1430	电动机的额定转速（1430 rpm）
6	P1000	1	2	模拟量输入为频率给定方式
7	P1080	0	0	电动机的最小频率
8	P1082	50	50	电动机的最大频率
9	P1120	10	10	斜坡上升时间
10	P1121	10	10	斜坡下降时间
11	P0700	1	1	选择命令源（BOP）
12	P0756	0	0	模拟量输入类型

笔记

笔记

序号	变频器参数	出厂值	设定值	功能说明
13	P0757	0	0	模拟量输入标定的 X_1 值
14	P0758	0	0.0	模拟量输入标定的 Y_1 值 /%
15	P0759	10	10	模拟量输入标定的 X_2 值
16	P0760	100	100	模拟量输入标定的 Y_2 值 /%
17	P0761	0	0	死区
18	P2200	0	1	允许 PID 控制
19	P2240	10	25	PID-MOP 的设定值百分比 /%
20	P2253	0.0	2250	已激活的 PID 设定值（目标值）
21	P2264	0.0	755	模拟输入 1 设置（反馈信号）
22	P2280	3.000	10.00	PID 比例增益系数
23	P2285	0.000	3	PID 积分时间

注：①设置参数前先将变频器参数复位为工厂的缺省设定值。

②设定 P0003=2 允许访问扩展参数。

③设定电机参数时先设定 P0010=1（快速调试），参数设置完成后设定 P0010=0（准备）。

④参数 P2240 的 PID 设定值为百分比，表中的 25% 转换成频率是 12.5 Hz。

6. 运行与调试

（1）变频器的启动 / 停止由操作面板控制，输出频率由参数 P2240 以百分比的形式设置，模拟量通道 AI1 接入传感器反馈电压输入。

（2）按下操作面板按钮 ，启动变频器，切换到显示菜单，观察运行频率。

（3）调节电位器模拟改变传感器输入电压，观察并记录电机的运转情况。

（4）改变参数 P2280、P2285 的值，重复（2）、（3），观察电机运转状态有什么变化。

（5）按下操作面板按钮 ，停止变频器。

（6）改变参数设定值及 PID 设定值，观察并记录变频器运行状态，控制记录如表 3-41 所示。

表 3-41 SINAMICS V20 变频器 PID 控制记录表

设定值 /%	设定值对应频率 /Hz	P 比例增益	I 积分时间 /s	电动机状态（< 设定值）	电动机状态（> 设定值）
25		10	3		

续表

设定值 /%	设定值对应频率 /Hz	P 比例增益	I 积分时间 /s	电动机状态（< 设定值）	电动机状态（> 设定值）
10					
35					
45					

7. 考核与评价

SINAMICS V20 变频器 PID 控制考核评价如表 3-42 所示。

表 3-42　SINAMICS V20 变频器 PID 控制考核评价表

任务			
序号	评价内容	权重 /%	评分
1	正确连接电源、变频器与电动机的硬件线路	10	
2	能完成变频器参数复位和快速调试，合理设置变频器参数	10	
3	正确设置变频器操作方式参数	10	
4	正确设置电动机参数	10	
5	正确设置和调整 PID 参数	20	
6	会观察变频器的运行参数	10	
7	数据记录完整、正确	10	
8	合理施工，操作规范，在规定时间完成任务	10	
9	无旷课、迟到现象，团队意识强（工具保管、使用、收回情况，设备摆放情况，场地整理情况）	10	
总得分			
日期	学生	教师	

问题与思考

1.PID 控制就是_____、_____、_____控制，系统引入 PID 环节，构成闭环控制。

2.在自动控制系统中，引入比例控制的作用是减小_____。

3.在自动控制系统中，引入积分控制的作用是消除_____。

4.在自动控制系统中，引入微分控制的作用是抑制_____。

笔记

笔记

5.SINAMICS V20 变频器设置比例增益的参数是_____；设置积分时间的参数是_____；设置微分时间的参数是_____。

6.SINAMICS V20 变频器使用 PID 控制，需要使能 PID 控制，设置参数_____=1。

7.恒转矩负载转矩的大小和转速大小无关，负载功率的大小与转速成_____。

8.恒功率负载功率的大小与转速无关，负载转矩的大小与转速成_____。

9.SINAMICS V20 变频器 PID 设定值参数 P2253 有几种设定值源？

_____

_____

_____

10.SINAMICS V20 变频器 PID 反馈值参数 P2264 有几种设定值？

_____

_____

_____

_____

拓展阅读

变频器和软启动器的区别

变频器和软启动器都能够用于三相异步电动机的启动运行，两者有哪些不同呢？

变频器和软启动器两种设备相似之处在于，它们都能够控制工业电动机的启动和停止，但两者又有本质的不同。

软启动器通常用于电动机启动电流过大可能损坏电动机的场合，能对电动机起到保护作用。软启动器不能调节电源频率，相当于一个调压器，用于电动机降压启动时输出只改变电压不改变频率。软启动器不能实现零冲击启动，不能实现电动机的调速。软启动器在启动电动机之后退出系统，失去保护功能。

变频器具备软启动器的所有功能，可以调速和启动，结构复杂。

选择哪种设备取决于控制方式，如果使用中的设备有大电流涌入而又不需要速度控制，软启动器是最佳选择。如果设备需要速度控制，则必须使用变频器。价格因素也是选择的依据，软启动器控制功能较少，价格低于变频器，从安装尺寸的角度来说，软启动器通常比变频器的尺寸要小。

项目 4

PLC 与 SINAMICS
V20 变频器的联机控制

知识目标 >

（1）了解 PLC 与变频器的系统构成和接口方式。
（2）了解变频器 USS 和 Modbus 两种通信方式的硬件接口。
（3）掌握 USS 和 Modbus 通信架构和工作原理。
（4）掌握 PLC 与变频器的数字输入端子的接口电路。

能力目标 >

（1）能够运用 PLC 和变频器的知识构建 PLC 变频调速系统。
（2）能够设计和连接 PLC 与变频器的接口电路。
（3）能够编写 PLC 程序，通过端子驱动变频器运行。
（4）能够设计和连接 PLC 与变频器 RS-485 接口电路。
（5）能够设置变频器 USS 和 Modbus 通信参数。
（6）能够编写 PLC 程序，使用 USS 或 Modbus 通信方式驱动变频器运行。

素质目标 >

（1）具有勤于思考、勇于创新、敬业乐业、严谨务实的工作作风。
（2）培养自学、自省、自控的能力。
（3）培养学习能力，养成坚持做好每一件事的习惯。

项目概述

　　我国智能制造在现代化工业生产逐渐普及，对自动化控制技术的要求也越来越高，变频器利用自身的控制面板和控制端子外接部件驱动电动机运行，能够完成一定的变频器调速功能，但是只能局限于有限的应用场合。在工业自动化控制系统中，PLC 和变频器的组合是最常见的运用方式。PLC 作为现场控制器根据工艺流程控制现场设备有序工作，变频器作为其中的环节，接受 PLC 的指令完成设备调速，与其他环节构成变频控制系统。PLC 与变频器有多种联机方式，例如，PLC 可以利用开关量输入 / 输出端子控制变频器，也可以利用模拟量输出端子控制变频器，还可以通过 RS-485 总线利用通信的方式控制变频器，用户可以根据现场需求选择联机方式。

任务 4.1　PLC 与变频器端子控制电动机运行

任务引入

　　SINAMICS V20 变频器的数字量输入端子不仅可以接受按钮开关的信号输入，也可以接受来自外部的有源信号输入，兼容灌电流或拉电流输入。

　　本任务的学习目标是，了解变频器数字输入的不同接口信号流向，针对 PLC 选择输入接口方式，了解 PLC 与变频器的模拟量接口方式，正确连接 PLC 与变频器的电路，能够编写 PLC 程序驱动变频器实现变频调速功能。

4.1.1　数字输入端子的接口方式

　　变频器通过数字输入端子接收开关量信号，为变频器提供端子控制命令，端子与外部电气元件构成数字量输入电路，变频器数字输入端子可以接受 PNP 输入、NPN 输入和干接点输入三种方式。

1.PNP 接口方式

　　SINAMICS V20 变频器的数字输入端子允许 PNP 有源信号的输入，这种情况下，电流从端子流入，对变频器来说是灌电流。PNP 输入时高电平有效，电压范围为 11~30 V（DC），公共端为 0 V。

　　产生 PNP 有源信号的可以是传感器、PNP 输出的编码器，也可以是 PLC 的PNP（源型）晶体管输出，如图 4-1（a）所示，使用的变频器的 24 V 电源时，变频器 24 V 输出与 S7-1200 PLC 的 1L+ 连接，0 V 与 1M 连接，变频器输入公共端 DIC 与 0 V 连接。如图 4-1（b）所示，使用的外部 24 V 电源时，外部电源 24 V+ 连接

PLC 的 1L+，24 V- 连接 PLC 的 1M 和变频器的 DIC，无论使用变频器的 24 V 电源，还是使用外部 24 V 电源，对于变频器端子来说，电流都是流入变频器的。

笔记

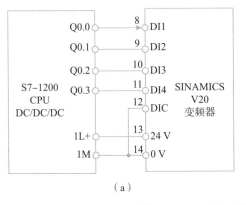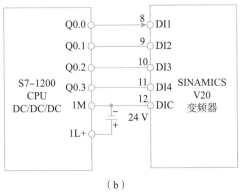

（a）　　　　　　　　　（b）

图 4-1　PLC 与变频器的 PNP 接口电路
(a) 使用变频器 24 V 电源；(b) 使用外部 24 V 电源

2.NPN 接口方式

SINAMICS V20 变频器的数字输入端子允许 NPN 有源信号的输入，这种情况下，电流从端子流出，对变频器来说是拉电流。NPN 输入低电平有效，电压范围为 11~30 V（DC），公共端为 24 V。

产生 NPN 有源信号的可以是传感器、NPN 输出的编码器，也可以是 PLC 的 NPN（漏型）晶体管输出。图 4-2（a）是使用的变频器的 24 V 电源时，三菱 PLC 与变频器的接口电路；图 4-2（b）是使用的外部 24 V 电源时，三菱 PLC 与变频器的接口电路。

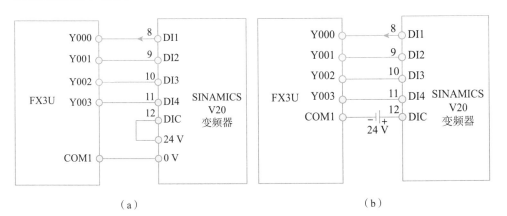

（a）　　　　　　　　　（b）

图 4-2　PLC 与变频器的 NPN 接口电路
(a) 使用变频器 24 V 电源；(b) 使用外部 24 V 电源

3. 触点接口方式

NPN 或 PNP 的连接形式接入设备的同时，需要提供工作电源，属于有源信号输入。而在触点接口方式中，触点本身属于无源信号，只提供开关触点的接入，具有闭合和断开两种状态，两个接点之间没有极性，可以互换。按钮、开关、继电器触点、行程开关等与变频器连接，都属于触点接口方式。

作为触点接口方式的开关或按钮，连接形式可以参照 NPN 或 PNP 的连接形式。触点接口参照 PNP 方式时，24 V 连接各触点并联公共端，0 V 连接 DIC 端子；触点接口参照 NPN 方式时，0 V 连接各触点并联公共端，24 V 连接 DIC 端子。

4.1.2　PLC 与变频器的连接

SINAMICS V20 变频器与 PLC 构成变频控制系统，PLC 与变频器的连接有开关量连接、模拟量连接和通信连接三种方式。

PLC 与变频器的开关量连接可以实现变频器的启停、正反转等命令控制，也可以实现升速 / 降速调节运行频率的功能。PLC 与变频器的模拟量连接可以实现变频器频率调节等。PLC 与变频器的通信连接可以实现命令控制，也可以实现频率调节。

1. S7-1200 PLC 与 SINAMICS V20 变频器的开关量连接

变频器的输入信号中包括运行 / 停止、正转 / 反转、点动等控制进行操作的开关型指令信号。PLC 通常利用继电器触点或具有开关特性的半导体器件与变频器连接，获取运行状态指令。

对于 PLC 的输出来说，主要有继电器输出型和晶体管输出型两种类型，不管是哪一种，都可以和变频器相连接。继电器输出型的 PLC，1L 是输出触点的公共端，与变频器的连接，可以是变频器的 24 V 输出连接 PLC 的 1L 端子，0 V 与输入公共端 DIC 相连，电流从端子流进变频器，如图 4-3（a）所示。也可以是 PLC 的 1L 端子与 0 V 相连，变频器 24 V 与输入公共端 DIC 相连，电流从端子流出，如图 4-3（b）所示。

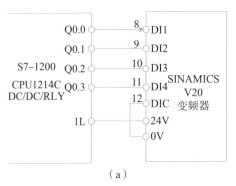
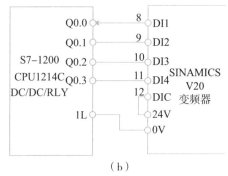

图 4-3　变频器与继电器输出型 PLC 的连接电路

（a）与继电器输出型 PLC 的连接方法 1；（b）与继电器输出型 PLC 的连接方法 2

2. S7-1200 PLC 与 SINAMICS V20 变频器的模拟量连接

变频器数值型（如频率、电压等）指令信号的输入，可分为数字输入和模拟输入两种，数字输入多采用变频器面板上的键盘操作和串行接口来设定；模拟输入则通过接线端子由外部给定，通常是通过 0~10 V（或 5 V）的电压信号或者 0（或 4）~20 mA 的电流信号输入。

通常变频器也通过接线端子向外部输出相应的监测模拟信号，信号范围一般为 0~5 V（或 10 V）的电压信号及 0（或 4）~20 mA 的电流信号。与变频器的模拟量连接可以是 PLC CPU 模块的模拟量输出，也可以是 PLC 扩展模块的模拟量输出。如果 PLC 的模拟量输出与变频器的模拟量输入的量程一致，可以直接相连。

SINAMICS V20 变频器可以接受 0~10 V 电压输入、-10~10 V 电压输入和 0~20 mA 电流输入三种电压或电流输入方式，图 4-4 所示为 S7-1200 模拟量输出信号板与 SINAMICS V20 变频器的模拟量连接。

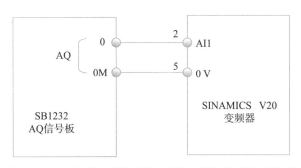

图 4-4　PLC 模拟量输出信号板与变频器的模拟量连接

技能训练

基于 PLC 的变频器端子控制电机正反转运行

1. 训练目的

（1）了解 PLC 与变频器端子接口。

（2）能够正确设置变频器参数。

（3）能正确完成 PLC 与变频器接线。

（4）会编写 PLC 控制程序。

（5）会调试 PLC 与变频器系统功能。

（6）能正确记录变频器调试数据。

2. 训练要求

变频器与 PLC 构成变频控制系统，通过 PLC 外接按钮，控制电机启动 / 停止、正转 / 反转。

（1）电机正转。电机停止状况下，按下按钮 SB1，电机正转启动，变频器稳

笔记

定运行在 15 Hz。加减速时间 8 s。

（2）电机反转。电机停止状况下，按下按钮 SB2 电机反转启动，运行过程与正转相同。

（3）电机停止。按下按钮 SB3，电机减速至停止；

3. 训练准备

基于 PLC 的变频器端子控制电动机正反转运行所需器件如表 4-1 所示。

表 4-1　基于 PLC 的变频器端子控制电动机正反转运行所需器件明细表

序号	名称	备注
1	断路器	2P-10 A/230 V
2	SINAMICS V20 变频器	6SL3210-5BB12-5UV1（1 AC200~240 V，0.25 kW，1.7 A，FSAA）
3	三相异步电动机	额定电流 0.3 A，额定功率 60 W，额定频率 50 Hz，额定转速 1430 rpm，功率因数 0.85
4	开关、按钮	2 A/24 V
5	线缆及接线工具	主电路 1.5 mm²，控制电路 0.5 mm²；十字螺丝刀，压线钳等
6	PLC	西门子 S7-1200 CPU 1214C DC/DC/DC V4.2
7	软件	TIA V16

4. 电路连接

按照图 4-5 所示的 S7-1200 CPU1214C PLC 与 SINAMICS V20 变频器的接线示意图完成 PLC 与变频器的电路连接。

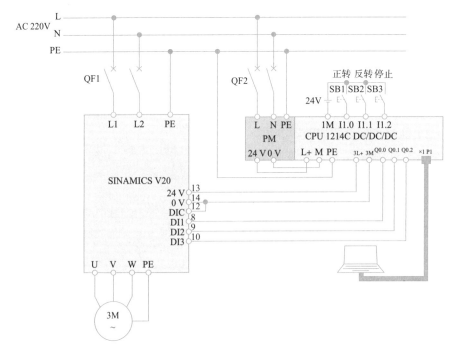

图 4-5　PLC 与变频器的连接示意图

（1）变频器主电路连接，PLC 电源连接。

（2）PLC 与变频器的电路连接。

（3）PLC 输入 / 输出电路连接，如表 4-2 所示。

表 4-2　PLC 控制变频器正反转 I/O 分配表

名称	输入地址	名称	输出地址
正转 SB1	I1.0	变频器 DI1	Q0.0
反转 SB2	I1.1	变频器 DI2	Q0.1
停止 SB3	I1.2	变频器 DI3	Q0.2

5. 变频器参数设置

（1）电路接线无误，闭合 QF1，变频器上电，显示正常。

（2）变频器恢复出厂设置。

（3）快速调试，设置参数如表 4-3 所示。

表 4-3　变频器端子控制主要参数设置

序号	变频器参数	出厂值	设定值	功能说明
1	P0304	230	220	电动机的额定电压（380 V）
2	P0305	1.79	0.3	电动机的额定电流（0.3 A）
3	P0307	0.37	0.06	电动机的额定功率（60 W）
4	P0310	50	50	电动机的额定频率（50 Hz）
5	P0311	1395	1430	电动机的额定转速（1430 rpm）
6	P1000	1	1	BOP 升降频率
7	P1080	0	0	电动机的最小频率（0 Hz）
8	P1082	50	50	电动机的最大频率（50 Hz）
9	P1120	10	8	斜坡上升时间（8 s）
10	P1121	10	8	斜坡下降时间（8 s）
11	P0700	1	2	选择命令源（由端子排输入）
12	P0701	0	1	接通正转 / 断开停止
13	P0702	12	12	反转
14	P0703	9	4	OFF3（停车命令 3）按斜坡函数曲线快速降速停车
15	P1040	5	15	频率设定值 /Hz

笔记

6. 闭合 QF2，PLC 上电运行，编写 PLC 程序，编译并下载到 PLC

（1）PLC 控制变频器程序流程如图 4-6 所示。

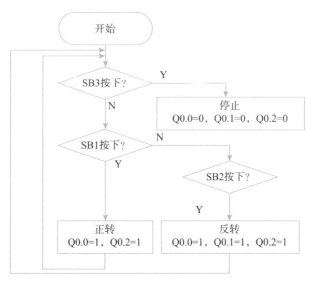

图 4-6　PLC 控制变频器程序流程

（2）程序编写、编译及下载。

①打开 TIA V16，新建项目，组态 CPU1214C DC/DC/DC。

②设置 PLC 名称及 IP 地址。

③参考程序流程图，编写 PLC 程序。

④程序编译并下载到 PLC。

7. 运行调试

（1）电机正转。电机停止状况下，按下按钮 SB1，电机正转，经过 P1120 设置的加速时间，变频器稳定运行在 P1040 设置的频率上。

（2）电机反转。电机停止状况下，按下按钮 SB2，电机反转，运行过程与正转相同。

（3）电机停止。按下按钮 SB3，电机经过 P1121 设置的减速时间，减速至停止。

（4）数据记录。变频器运行过程中，观察变频器运行状态及端子状态，记录数据在表 4-4 中，0- 断开；1- 接通。

表 4-4　PLC 通过变频器端子控制电机正反转数据记录表

PLC	SB3			SB2			SB1			状态	转速 /rpm
变频器	DI3	DI2	DI1	DI3	DI2	DI1	DI3	DI2	DI1		

笔记

续表

PLC	SB3	SB2	SB1	状态	转速 /rpm
运行状态				正转	
				反转	
				停止	

8. 考核与评价

基于 PLC 的变频器端子控制电机正反转运行考核评价如表 4-5 所示。

表 4-5　PLC 通过变频器端子控制电机正反转评价表

任务			
序号	评价内容	权重 /%	评分
1	正确连接电源、PLC、变频器与电动机的硬件线路	10	
2	能完成变频器参数复位和快速调试，合理设置变频器参数	10	
3	变频器参数设置正确	20	
4	PLC 程序编写正确	20	
5	按钮功能正确；合理调节电动机转速	10	
6	数据记录完整、正确	10	
7	合理施工，操作规范，在规定时间完成任务	10	
8	无旷课、迟到现象，团队意识强（工具保管、使用、收回情况，设备摆放情况，场地整理情况）	10	
总得分			
日期	学生	教师	

基于 PLC 的变频器模拟量控制电动机运行

1. 训练目的

（1）了解 PLC 与变频器电路接口。

（2）能正确设置变频器参数。

（3）能正确完成 PLC 与变频器接线。

（4）会编写 PLC 控制变频器端子控制、模拟量调速功能程序。

（5）会调试 PLC 与变频器系统功能。

（6）能正确记录变频器调试数据。

2. 任务要求

变频器与 PLC 构成变频控制系统，通过 PLC 外接开关，控制电动机启动 / 停止，稳定运行。

（1）电机正转。电机停止状况下，按下按钮 SB2，电机正转启动，变频器稳定运行在 15 Hz，加速时间 8 s。

（2）电机停止。电机运行状况下，按下按钮 SB1，电机停止，减速时间 8 s。

（3）电机调速。通过调节 PLC 输入电压，改变变频器输出频率，电机转速随电压变化而变化。

（4）观察与记录。观察电动机运行，记录运行参数。

（5）扩展功能。输入 2~8 V 直流电，调节输出频率 0~50 Hz 变化。

3. 器材准备

基于 PLC 的变频器模拟量控制电动机运行所需器件如表 4-6 所示。

表 4-6　基于 PLC 的变频器模拟量控制电动机运行器件表

序号	名称	备注
1	断路器	220 V/10 A
2	SINAMICS V20 变频器	6SL3210-5BB12-5UV1（1 AC200~240 V，0.25 kW，1.7 A，FSAA）
3	电动机	额定电流 0.3 A，额定功率 60 W，额定频率 50 Hz，额定转速 1430 rpm，功率因数 0.85
4	开关或按钮	0.5 A/24 V
5	线缆及接线工具	主电路 1.5 mm²，控制电路 0.5 mm²；十字螺丝刀，压线钳等
6	PLC	S7-1200 CPU1214C（DC/DC/DC），模拟量输出信号板 SB1232
7	软件	TIA V16，S7-1200 PLC 编程软件

4. 电路连接

连接变频器的电源和电动机的连线，L1、L2 接单相电源，U、V、W 接三相异步电动机，电动机按照星形连接。检查无误后，完成 S7-1200 PLC 输入按钮连接，PLC 输出与变频器的电路连接，选择使用模拟量模块或信号板输出模拟量，如图 4-7 所示。PLC 输入模拟量可以采用可调电位器的形式输入，也可以采用 0~10 V 可调直流电压源直接连接作为模拟量输入。

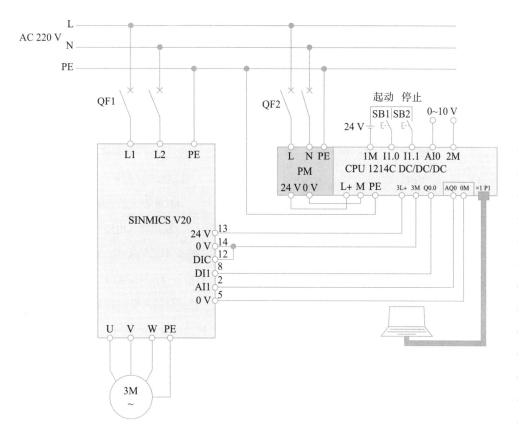

图 4-7　基于 PLC 的变频器模拟量调速控制电路原理图

5.变频器参数设置

（1）电路接线无误，闭合 QF1，变频器上电，显示正常。

（2）变频器恢复出厂设置。

（3）快速调试，变频器参数设置如表 4-7 所示。

表 4-7　变频器模拟量控制参数设置

序号	变频器参数	出厂值	设定值	功能说明
1	P0304	230	220	电动机的额定电压（380 V）
2	P0305	1.79	0.3	电动机的额定电流（0.3 A）
3	P0307	0.37	0.06	电动机的额定功率（60 W）
4	P0310	50	50	电动机的额定频率（50 Hz）
5	P0311	1395	1430	电动机的额定转速（1430 rpm）
6	P1000	1	2	模拟输入 1 频率给定
7	P1080	0	0	电动机的最小频率（0 Hz）
8	P1082	50	50	电动机的最大频率（50 Hz）

笔记

序号	变频器参数	出厂值	设定值	功能说明
9	P1120	10	8	斜坡上升时间（8 s）
10	P1121	10	8	斜坡下降时间（8 s）
11	P0700	1	2	选择命令源（由端子排输入）
12	P0701	0	1	接通正转 / 断开停止
13	P0702	12	2	接通反转 / 断开停止
14	P1040	5	5	MOP 设定值 /Hz
15	P0756	0	0	模拟输入电压
16	P0757	0	0	模拟量输入标定的 X_1 值
17	P0758	0	0	模拟量输入标定的 Y_1 值 /%
18	P0759	10	10	模拟量输入标定的 X_2 值
19	P0760	100	100	模拟量输入标定的 Y_2 值 /%
20	P0761	0	0	死区
21	P2000	50	50	基准频率 /Hz

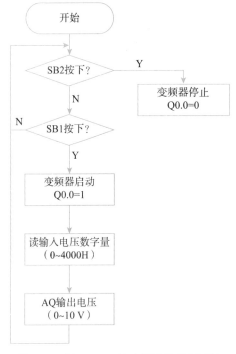

图 4-8　基于 PLC 的变频器模拟量调速
程序流程图

6. 程序编写，编译下载

（1）PLC 程序流程图如图 4-8 所示。

（2）S7-1200 PLC 程序编写、编译及下载。

①打开 TIA V16，新建项目，组态 CPU1214C DC/DC/DC，信号板 SB1232。

②设置 PLC 名称及 IP 地址，下载 PLC 组态。

③编写程序。S7-1200 CPU 模拟量输入通道 0~10 V，对应转换后数值范围是 0~27648，1 通道模拟量输出信号板 SB1232 输出 ±10 V，对应转换后数值 -27648~27648。可以使用 MOVE 指令，读取模拟量通道 1 电压值。

④程序编译并下载。

7. 运行调试

（1）电动机正转。电动机停止状况

下，按下按钮 SB1，电动机正转启动，经过参数 P1120 设置的斜坡上升时间，变频器稳定运行在参数 P1040 设置的频率上。

（2）电动机调速。电动机启动，调节输入电压在 0~10 V 之间变化，变频器输出频率应该在 0~50 Hz 变化，观察电动机转速的变化。

（3）电动机停止。按下按钮 SB2，电动机经过参数 P1121 设置的斜坡下降时间，减速至停止。

（4）数据记录。系统运行调试过程中，在线监控 PLC 程序，观察变频器运行并记录数据，如表 4-8 所示。

表 4-8 基于 PLC 的变频器模拟量调速控制记录表

开关状态	调节电压 /V	PLC 转换后数字量	变频器输入电压 /V	输出频率 /Hz	电机转速 /rpm
按下 SB1	0				
	2				
	4				
	6				
	8				
	10				

8. 考核与评价

基于 PLC 的变频器模拟量调速控制考核评价如表 4-9 所示。

表 4-9 基于 PLC 的变频器模拟量调速控制考核评价表

任务			
序号	评价内容	权重 /%	评分
1	正确连接电源、PLC、变频器与电动机的硬件线路	10	
2	能完成变频器参数复位和快速调试，变频器参数设置正确	15	
3	会 PLC 程序编写并下载运行	20	
4	能启动变频器，会使用模拟量调节电动机转速	20	
5	数据记录完整、正确	15	
6	合理施工，操作规范，在规定时间完成任务	10	

笔记

任务			
序号	评价内容	权重 /%	评分
7	无旷课、迟到现象，团队意识强（工具保管、使用、收回情况，设备摆放情况，场地整理情况）	10	
总得分			
日期	学生		教师

PLC 与变频器控制电动机固定频率多段速运行

1. 训练目的

（1）熟悉 SINAMICS V20 变频器固定频率的二进制选择模式。

（2）会设置二进制选择模式参数。

（3）能正确完成变频器外部接线。

（4）会编写 PLC 多段速程序。

（5）能正确记录变频器调试数据。

2. 训练要求

PLC 变频系统驱动搅拌机，以多段固定频率运行实现搅拌过程的自动频率切换功能。

（1）搅拌机运行。按下按钮 SB1，搅拌机启动，按照 10 Hz、15 Hz、20 Hz、25 Hz、30 Hz、35 Hz、40 Hz 七段运行频率以 100 s 为周期递增。

（2）搅拌机停止。按下按钮 SB2，搅拌机停止运行。

（3）搅拌机加减速时间设置。斜坡上升时间 8 s，斜坡下降时间 8 s。

3. 训练准备

PLC 与变频器控制电动机固定频率多段速运行所需器件如表 4-10 所示。

表 4-10　PLC 与变频器控制电动机固定频率多段速运行所需器件表

序号	名称	备注
1	断路器	2P-10 A/230 V
2	SINAMICS V20 变频器	6SL3210-5BB12-5UV1（1 AC200~240 V，0.25 kW，1.7 A，FSAA）
3	电动机	额定电流 0.3 A，额定功率 60 W，额定频率 50 Hz，额定转速 1430 rpm，功率因数 0.85，星形连接
4	开关或按钮	2 A/24 V

续表

序号	名称	备注
5	线缆及接线工具	主电路 1.5 mm², 控制电路 0.5 mm²; 十字螺丝刀, 压线钳等
6	PLC	S7-1200 CPU1214C（DC/DC/DC）, 模 拟 量 输 出 信 号 板 SB1232
7	软件	TIA V16, S7-1200 PLC 编程软件

4. 电路连接

按图 4-9 连接变频器的电源和电动机的线路, L1、L2 接单相电源, U、V、W 接三相异步电动机, 电动机按照星形连接。检查无误后, 连接 PLC 输入 / 输出电路。

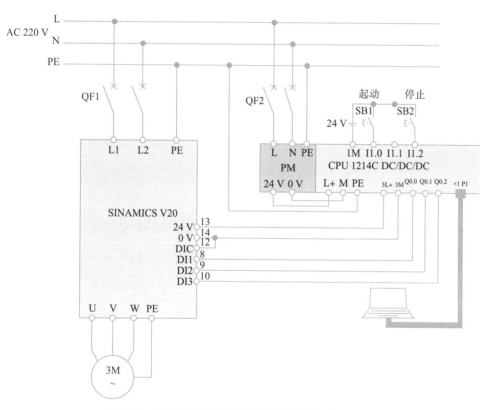

图 4-9　PLC 与变频器控制电动机多段速运行原理图

5. 变频器参数设置

（1）电路接线无误, 闭合 QF1, 变频器上电, 显示正常。

（2）变频器恢复出厂设置。

（3）快速调试。

（4）变频器固定频率多段速运行参数设置如表 4-11 所示。

表4-11　变频器固定频率多段速运行参数设置

序号	变频器参数	出厂值	设定值	功能说明
1	P0304	230	220	电动机的额定电压（380 V）
2	P0305	1.79	0.3	电动机的额定电流（0.3 A）
3	P0307	0.37	0.06	电动机的额定功率（60 W）
4	P0310	50	50	电动机的额定频率（50 Hz）
5	P0311	1395	1430	电动机的额定转速（1430 rpm）
6	P1000	1	3	固定频率
7	P1080	0	0	电动机的最小频率（0 Hz）
8	P1082	50	50	电动机的最大频率（50 Hz）
9	P1120	10	8	斜坡上升时间（8 s）
10	P1121	10	8	斜坡下降时间（8 s）
11	P0700	1	2	选择命令源（由端子排输入）
12	P0701	1	15	固定频率选择器位0
13	P0702	12	16	固定频率选择器位1
14	P0703	9	17	固定频率选择器位2
15	P0704	15	18	固定频率选择器位3
16	P1001	10	10	固定频率1
17	P1002	15	15	固定频率2
18	P1003	25	20	固定频率3
19	P1004	50	25	固定频率4
20	P1005	0	30	固定频率5
21	P1006	0	35	固定频率6
22	P1007	0	40	固定频率7
23	P1016	1	2	二进制选择模式
24	P0840	722.0	1025.0	以所选的固定转速启动

注：①设置参数前先将变频器参数复位为工厂的缺省设定值；

　　②设置参数 P0003 的访问等级才能访问扩展参数；

　　③设定 P0840=1025.0，变频器以所选的固定转速启动。

6. 程序编写、编译及下载

（1）闭合 QF2，PLC 上电运行。

（2）打开 TIA V16，新建项目，组态 CPU1214C DC/DC/DC，下载 PLC 组态。

（3）编写 PLC 程序。

（4）程序编译并下载。

7. 运行与调试

（1）搅拌机运行。按下启动按钮 SB1，变频器运行频率按照 10 IIz、15 Hz、20 Hz、25 Hz、30 Hz、35 Hz、40 Hz 七段运行频率以 100 s 为周期递增。

（2）搅拌机停止。按下停止按钮 SB2，变频器停止输出频率，搅拌机停止。

（3）观察与记录。观察并记录变频器的输出频率和转速，填入表 4-12 中。

表 4-12　变频器二进制选择模式运行数据记录表

Q0.2	Q0.1	Q0.0	输出频率 /Hz	电机转速 /rpm
0	0	0		
0	0	1		
0	1	0		
0	1	1		
1	0	0		
1	0	1		
1	1	0		
1	1	1		

8. 考核与评价

PLC 与变频器控制电动机固定频率多段速运行考核评价如表 4-13 所示。

表 4-13　PLC 与变频器控制电动机固定频率多段速运行考核评价表

任务			
序号	评价内容	权重 /%	评分
1	正确连接电源、变频器与电动机的硬件线路	10	
2	能完成变频器参数复位和快速调试，合理设置变频器参数	10	
3	变频器固定频率模式参数设置正确	20	

笔记

笔记

任务			
序号	评价内容	权重/%	评分
4	能编写 PLC 程序并编译下载	20	
5	会在调试过程中观察变频器的运行参数	10	
6	数据记录完整、正确	10	
7	合理施工，操作规范，在规定时间完成任务	10	
8	无旷课、迟到现象，团队意识强（工具保管、使用、收回情况，设备摆放情况，场地整理情况）	10	
总分			
日期	学生	教师	

问题与思考

1. 变频器为数字量输入端子提供了_____、_____及_____等三种接口方式，满足各种开关部件的接入。

2. PLC 与 SINAMICS V20 变频器的连接有_____、_____和_____三种方式。

3. S7-1200 CPU 模拟量输入通道 0~10 V，对应转换后数值范围用十进制表达是_____。

4. 模拟量输出信号板 SB1232 程序数值输出范围为_____，对应实际模拟量输出 ±10 V。

5. PLC 程序模拟量输入或输出，都可以通过_____指令实现。

任务 4.2 基于 PLC 的变频器 USS 通信控制

任务引入

在实际应用中，变频器与控制器之间通过现场总线实现实时数据交互，上位机或控制器容易实现与变频器的组网，统一调度现场变频器的工作。上位机或控制器通常作为主设备，变频器作为从设备。SINAMICS V20 变频器配备有 RS-485 串行总线物理接口，具有 USS 通信功能，方便与西门子 PLC 组网通信。

本任务的学习目标是，了解 SINAMICS V20 变频器的通信接口，了解 USS

通信协议，掌握变频器 USS 协议相关参数设置，能够连接 PLC 与变频器的通信电路，会编写 PLC 与变频器的通信程序，实现对变频器的控制和数据交互。

 笔记

4.2.1　PLC 与变频器的 RS-485 网络构建

变频器与控制器通过现场实时总线通信的方式实现数据的传输，这种方式具有更多的优点，不仅能够大大减少布线数量，更能通过现场总线通信的方式设置和修改变频器参数。RS-485 通信网络因具有设备简单、容易实现、传输距离远、维护方便等优点而被许多变频器厂家所采用。目前市面上的变频器基本上都有 RS-485 总线接口。用户可以通过上位机与变频器进行数据传输，对变频器的运行进行监控。

通过 RS-485 总线组网，允许组网设备数量超过两台，RS-485 网络设备有主从之分，只允许存在一个主设备，其余全部是从设备。

构建 RS-485 网络，建议使用屏蔽双绞线作为通信电缆。网络需要增加终端电阻进行阻抗匹配。在位于总线一端的总线端子（P+，N-）之间连接一个 120 Ω 的总线终端电阻，在位于总线另一端的总线端子之间连接一个终端网络。终端网络由 10 V 与 P+ 端子间的 1.5 kΩ 电阻、P+ 与 N- 端子间的 120 Ω 电阻以及 N- 与 0 V 端子间的 470 Ω 电阻组成，如图 4-10 所示。

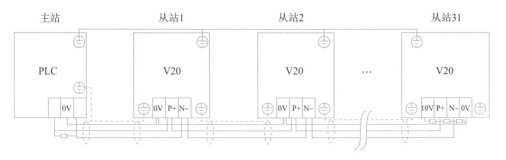

图 4-10　PLC 与 V20 变频器 RS-485 总线组网

4.2.2　SINAMICS V20 变频器的 USS 通信

SINAMICS V20 变频器可以通过 RS-485 接口使用 USS 协议与西门子 PLC 进行通信。通过参数设置为 RS-485 接口，选择 USS 或者 Modbus RTU 协议，USS 协议是默认总线设置。

1.USS 协议通信

USS（Universal Serial Interface，即通用串行通信接口）是西门子专为驱动装置开发的通信协议。在驱动装置、操作面板和调试软件（如 DriveES/STARTER）的连接中得到广泛的应用。近来 USS 因其协议简单、硬件要求较低，也越来多地用于和控制器（如 PLC）的通信，实现一般水平的通信控制。USS 协议的基本特点如下。

（1）支持多点通信（可以应用在 RS-485 等网络上）。

（2）采用单主站的"主—从"访问机制。

（3）一个网络上最多可以有 32 个节点（最多 31 个从站）。

（4）简单可靠的报文格式，使数据传输灵活高效。

（5）容易实现，成本较低。

USS 协议通信总是由主站发起，USS 主站不断循环轮询各个从站，从站根据收到的指令，决定是否以及如何响应。从站永远不会主动发送数据，各个从站之间不能直接进行信息传送。通常 PLC 作为主站，变频器作为从站，通过串行链路最多可连接 31 个作为从站的变频器，PLC 通过 USS 串行总线协议对其进行控制，如图 4-11 所示。

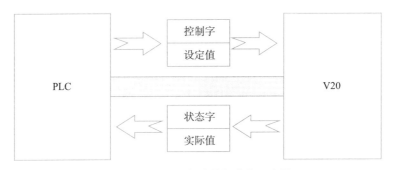

图 4-11　USS 总线数据交换示意图

2.SINAMICS V20 变频器的 USS 设置

PLC 与变频器通过 USS 协议通信，变频器需要进行参数设置，如表 4-14 所示。

表 4-14　SINAMICS V20 变频器 USS 通信基本设置

参数	功能	设置
P0010	调试参数	=30：恢复出厂设置
P0970	工厂复位	可能的设置： =1：所有参数（不包括用户默认设置）复位至默认值； =21：所有参数以及所有用户默认设置调为工厂复位状态
P0003	用户访问级别	=3：专家级
P0700[0]	选择命令源	=5：RS-485 上的 USS/Modbus
P1000[0]	频率设定值选择	=5：RS-485 上的 USS/Modbus

续表

参数	功能	设置
P2000[0]	基准频率	百分比 100% → P2000 的值
P2023[0]	RS-485 协议选择	=1：USS（工厂缺省值）。更改参数 P2023 后，必须对变频器重新上电。
P2010[0]	USS/Modbus 波特率	可能的设置： =6：9600 bit/s（工厂缺省值）； =7：19200 bit/s； =8：38400 bit/s； … =12：115200 bit/s
P2011[0]	USS 地址	设置变频器的从站地址。 范围：0 至 31（工厂缺省值：0）
P2012[0]	USS PZD（过程数据）长度	定义 USS 报文的 PZD 部分中 16 位字的数量。 范围：0~8（工厂缺省值：2）
P2013[0]	USS PKW（参数 ID 值）长度	定义 USS 报文的 PKW 部分中 16 位字的数量。 可能的设置： =0，3，4：0、3 或 4 个字； =127：变量长度（工厂缺省值）
P2014[0]	USS 报文间断时间 /ms	时间设为 0 时不发生故障（即"看门狗"被禁止）
P2034	RS-485 的 Modbus 奇偶校验	设置 RS-485 上 Modbus 报文的奇偶校验。 可能的设置： =0：无奇偶校验； =1：奇校验； =2：偶校验（工厂缺省值）
P2035	RS-485 的 Modbus 停止位	设置 RS-485 上 Modbus 报文中的停止位数。 可能的设置： =1：1 个停止位（工厂缺省值）； =2：2 个停止位

4.2.3　S7-1200 USS 通信指令

S7-1200 PLC 的 USS 有两个 USS 指令库，"USS 通信"和"USS"指令库。"USS 通信"是目前较新的指令库，支持 S7-1200 CPU 固件版本 4.1 以上，以后

笔记

笔记

的更新也会基于这个指令库。

一般情况下，SINAMICS V20 变频器的启停和频率控制通过 PZD 过程数据来实现，参数读取和修改通过 PKW 参数通道来实现。可以使用连接宏 Cn010 实现 SINAMICS V20 的 USS 通信，也可以直接修改变频器参数。

1.USS_Port_Scan 指令

USS_Port_Scan 指令用于处理 USS 网络上的通信。用户程序执行 USS_Port_Scan 指令循环扫描端口，通常需要在循环中断调用该指令。USS_Port_Scan 指令如图 4-12 所示。

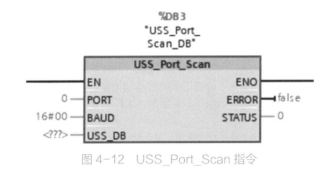

图 4-12　USS_Port_Scan 指令

USS_Port_Scan 指令有两个输入参数和两个输出参数，还有一个存放背景数据块名称的 INOUT 参数，如表 4-15 所示。

表 4-15　USS_Port_Scan 指令输入输出参数说明表

参数	类型	数据类型	描述
PORT	IN	Port	串口模块硬件标识符
BAUD	IN	DInt	波特率
USS_DB	INOUT	USS_Base	将 USS_Drive_Control 指令放入程序时创建并初始化的背景数据块的名称
ERROR	OUT	Bool	该输出为 True 时，表示发生错误，此时 STATUS 输出错误代码
STATUS	OUT	WORD	USS 通信状态值

2. USS_Drive_Control 指令

USS_Drive_Control 指令用于请求消息、驱动器响应消息，以及与驱动器交换数据。指令的输入和输出参数代表驱动器的状态和控制。网络上有多少个驱动设备，用户程序至少有相等个数的 USS_Drive_Control 指令，每个驱动器对应一个指令，只能在程序循环 OB 块中使用，如图 4-13 所示。

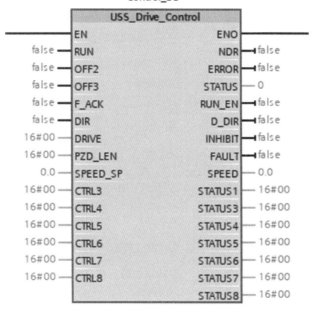

图 4-13　USS_Drive_Control 指令

USS_Drive_Control 指令输入输出参数如表 4-16 所示。

表 4-16　USS_Drive_Control 指令输入输出参数表

参数	类型	数据类型	描述
RUN	IN	Bool	驱动器起始位：该输入为 True，将使驱动器以预设速度运行。如果在驱动器运行时 RUN 变为 False，电机将减速滑行至静止
OFF2	IN	Bool	电气停止位：该位为 False 时，将使驱动器在无制动的情况下自然停止
OFF3	IN	Bool	快速停止位：该位为 False 时，将通过制动的方式使驱动器快速停止
F_ACK	IN	Bool	故障确认位
DIR	IN	Bool	驱动器方向控制：设位为 True 时指示正方向（对于正 SPEED_SP）
DRIVE	IN	USInt	驱动器地址：该输入是 USS 驱动器的地址。有效范围是驱动器 1 到驱动器 16
PZD_LEN	IN	USInt	字长度：PZD 数据的字数。有效值为 2、4、6 或 8 个字
SPEED_SP	IN	Real	速度设定值：以组态频率的百分比表示的驱动器速度。正值表示正方向（DIR 为 True 时）

笔记

165

笔记

参数	类型	数据类型	描述
CTRL3-CTRL8	IN	Word	控制字
NDR	OUT	Bool	新数据就绪：该位为 True，表示输出包含新通信请求数据
ERROR	OUT	Bool	该输出为 True 时，表示发生错误，此时 STATUS 输出错误代码
STATUS	OUT	Word	状态值
RUN_EN	OUT	Bool	运行已启用：该位指示驱动器是否在运行
D_DIR	OUT	Bool	驱动器方向：该位指示驱动器是否正在正向运行
INHIBIT	OUT	Bool	驱动器已禁止：该位指示驱动器上禁止位的状态
FAULT	OUT	Bool	驱动器故障：在该位被置位时，设置 F_ACK 位以清除此位
SPEED	OUT	Real	驱动器当前速度（驱动器状态字 2 的标定值）：以组态速度百分数形式表示的驱动器速度值
STATUS1-STATUS8	OUT	Word	驱动器状态字

可以使用符号（正或负）和 SPEED_SP 或使用 DIR 输入控制驱动器旋转方向，如表 4-17 所示。

表 4-17　SPEED_SP 和 DIR 参数功能说明表

SPEED_SP	DIR	驱动器旋转方向
数值 >0	0	反转
数值 >0	1	正转
数值 <0	0	正转
数值 <0	1	反转

3. USS_Read_Param 和 USS_Write_Param 指令

USS_Read_Param 和 USS_Write_Param 指令用于读取和写入远程驱动器的工作参数，如图 4-14 所示。这些参数控制驱动器的内部运行。USS_Read_Param 和 USS_Write_Param 指令只能用于程序循环 OB，在任何特定时刻，每个驱动器只能激活一个读或写请求。

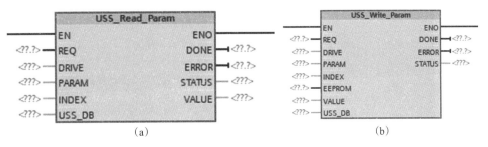

图 4-14　USS 读写参数指令

（a）USS_Read_Param 指令；（b）USS_Write_Param 指令

USS_Read_Param 指令输入输出参数如表 4-18 所示。

表 4-18　USS_Read_Param 指令输入输出参数表

参数	类型	数据类型	描述
REQ	IN	Bool	REQ 为 True 时，表示新的读请求
DRIVE	IN	USInt	驱动器地址：DRIVE 是 USS 驱动器的地址。有效范围是驱动器 1 到驱动器 16
PARAM	IN	UInt	要读取的驱动器参数编号。该参数的范围为 0 到 2047
INDEX	IN	UInt	要读取的驱动器参数索引
USS_DB	INOUT	USS_BASE	将 USS_Drive_Control 指令放入程序时创建并初始化的背景数据块的名称
DONE	OUT	Bool	该参数为 True 时，VALUE 输出读请求的参数值
ERROR	OUT	Bool	该输出为 True 时，表示发生错误，此时 STATUS 输出错误代码
STATUS	OUT	Word	读请求的状态代码
VALUE	OUT	Word, Int, UInt, DWord, DInt, UDInt, Real	已读取的参数值，仅当 DONE 位为 True 时才有效

USS_Write_Param 指令输入输出参数如表 4-19 所示。

表 4-19　USS_Write_Param 指令输入输出参数表

参数	类型	数据类型	描述
REQ	IN	Bool	REQ 为 True 时，表示新的读请求

笔记

参数	类型	数据类型	描述
DRIVE	IN	USInt	驱动器地址：DRIVE 是 USS 驱动器的地址。有效范围是驱动器 1 到驱动器 16
PARAM	IN	UInt	参数编号：PARAM 指示要写入的驱动器参数。该参数的范围为 0 到 2047
INDEX	IN	UInt	要写入的驱动器参数索引
EEPROM	IN	Bool	该参数为 True 时，写驱动器的参数将存储在驱动器 EEPROM 中
VALUE	IN	Word, Int, UInt, DWord, DInt, UDInt, Real	要写入的参数值，REQ 为 True 时该值必须有效
USS_DB	INOUT	USS_BASE	将 USS_Drive_Control 指令放入程序时创建并初始化的背景数据块的名称
DONE	OUT	Bool	DONE 为 True 时，表示输入 VALUE 已写入驱动器
ERROR	OUT	Bool	该输出为 True 时，表示发生错误，此时 STATUS 输出错误代码
STATUS	OUT	Word	写请求的状态代码

技能训练

PLC 与 SINAMICS V20 变频器的 USS 通信控制

1. 训练目的

（1）了解 USS 通信原理及架构。

（2）掌握变频器 USS 参数设置。

（3）掌握 S7-1200 PLC USS 指令功能及使用方法。

（4）掌握 PLC 与变频器的通信连接。

（5）会使用 USS 指令编写 PLC 通信程序，控制变频器运行。

2.训练要求

（1）PLC 通过外接按钮作为输入控制信号，PLC 通过 RS-485 总线控制变频器。

（2）变频器启动。程序设定运行频率并启动变频器运行。

（3）变频器停止。程序设定取用 OFF2 或 OFF3 方式停止变频器运行。

（4）变频器反向运行。程序设定运行方向和速度，改版变频器的运行方向。

（5）在变频器运行过程中，修改变频器加速时间和减速时间，修改变频器运行频率。

3.训练准备

基于 PLC 的变频器 USS 通信控制技能训练所需器件如表 4-20 所示。

表 4-20　基于 PLC 的变频器 USS 控制器件清单

序号	名称	备注
1	断路器	2P-10A/230 V
2	三相异步电动机	额定电流 0.3 A，额定功率 60 W，额定频率 50 Hz，额定转速 1430 rpm，功率因数 0.85
3	开关、按钮	2 A/24 V
4	线缆及接线工具	主电路 1.5 mm²，控制电路 0.5 mm²；十字螺丝刀，压线钳等
5	变频器	6SL3210-5BB12-5UV1（1 AC200~240 V，0.25 kW，1.7 A，FSAA）
6	PLC	S7-1200 CPU1214C（DC/DC/DC）
7	通信信号板	CB1241 RS-485 6ES7 241-1CH30-1XB0
8	软件	TIA V16，S7-1200 PLC 编程软件

4.电路连接

按照图 4-15 所示连接变频器的电源和电动机，L1、L2 接单相电源，U、V、W 接三相异步电动机，电动机按照星形连接。连接 PLC 电路，连接 PLC 与变频器 RS-485 通信端口。

5.变频器参数设置

（1）电路接线无误，闭合 QF1，变频器上电，显示正常。

（2）变频器恢复出厂设置。

（3）快速调试，设置电动机参数。

（4）变频器 USS 通信设置，参数如表 4-21 所示。

笔记

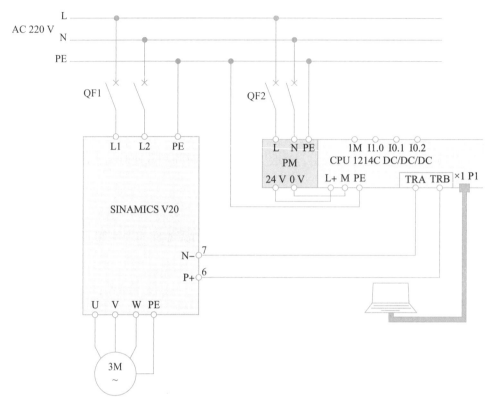

图 4-15　基于 PLC 的变频器 USS 通信控制原理图

表 4-21　SINAMICS V20 变频器 USS 通信主要参数设置表

参数号	参数值	说明
P700	5	命令源来源于 RS-485 总线
P1000	5	设定值来源于 RS-485 总线
P2000	50.0	百分比 100% → P2000 的值
P2010	6	设置通信波特率 9600 bit/s
P2011	1	USS 站地址
P2012	2	USS PZD 长度
P2013	4	USS PKW 长度
P2023	1	选择通信协议为 USS
P2034	2	偶校验
P2035	1	停止位

（5）变频器重新上电。在更改通信协议参数 P2023 后，需要对变频器重新上电。在此过程中，需在变频器断电后等待数秒，确保 LED 灯熄灭或显示屏空白

后再次接通电源。

6. 闭合 QF2，PLC 上电运行，编写程序，编译下载

（1）打开 TIA V16，新建项目，组态 CPU1214C DC/DC/DC。

（2）设置 PLC 名称及 IP 地址。

（3）通信信号板属性设置与变频器一致：波特率 9.6 kbps，偶校验，1 位停止位，如图 4-16 所示。

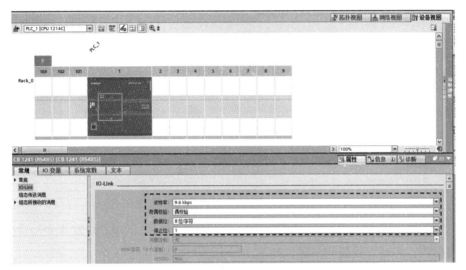

图 4-16 通信信号板属性设置

（4）新建循环组织块 OB30。设置循环扫描时间为 30 ms，如图 4-17 所示。

图 4-17 新建循环组织块 OB30

笔记

（5）在 OB30 组织块中添加程序，调用"USS_Port_Scan"指令，设置端口硬件标识符，波特率为 9600，如图 4-18 所示。USS_DB 为指令"USS_Drive_Control"的背景数据块。

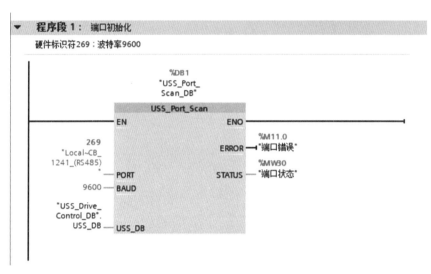

图 4-18　添加"USS_Port_Scan"指令

（6）在 OB1 中添加程序调用"USS_Drive_Control"指令，配置指令的输入 / 输出参数，实现变频器的控制，如图 4-19 所示。

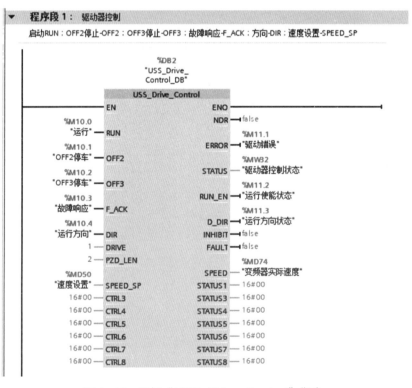

图 4-19　添加"USS_Drive_Control"指令

（7）添加轮询程序，调用"USS_Read_Param"指令，读取变频器参数，如图 4-20 所示。轮询采用首次运行第一个周期触发，后面顺序触发调用读和写参数指令。

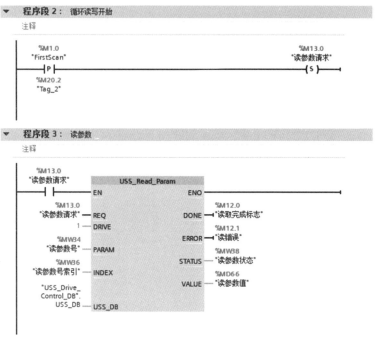

图 4-20　添加"USS_Read_Param"指令

（8）添加读参数超时检测程序和写条件循环程序，如图 4-21 所示。

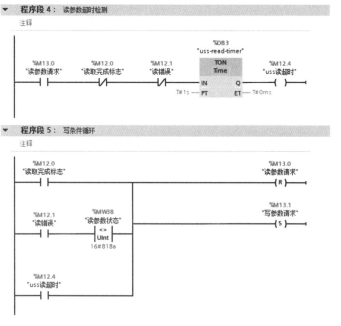

图 4-21　添加读参数超时和写条件循环程序

笔记

（9）添加"USS_Write_Param"指令，配置指令输入/输出参数，如图 4-22 所示。

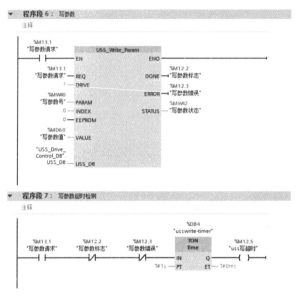

图 4-22　添加"USS_Write_Param"指令

（10）添加写参数超时检测程序和读条件循环程序，如图 4-23 所示。写参数指令执行完毕会再次触发读参数指令，此时循环再一次开始。

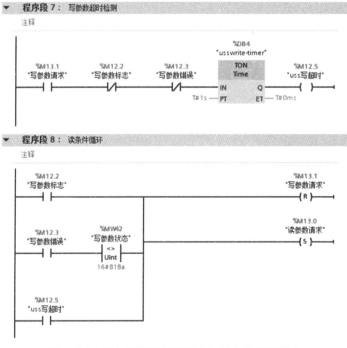

图 4-23　添加写超时判断程序和读条件循环程序

（11）程序编译，无误，下载。

7.运行与调试

（1）在 OB1 程序中，单击 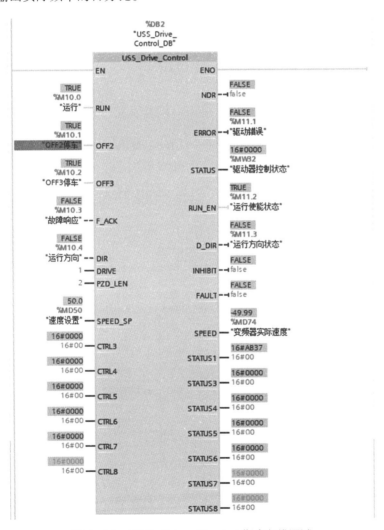 图标，启用在线调试。

（2）USS_Drive_Control 指令可以控制变频器的运行，如图 4-24 所示。

①变频器运行。设置 OFF2 和 OFF3 接通状态，速度设置 MD50 给定速度百分比，运行输入负值，接通运行端子 RUN，变频器运行，基准频率由 P2000 设定。

②变频器停止。断开端子 RUN，变频器停止运行，或断开 OFF2、OFF3 任意一个端子，采用 OFF2 或 OFF3 方式停止。

③改变运行方向。运行方向端子 DIR 与输入速度设定的关系，决定电动机的运行方向。

④变频器状态查看。输出端子 RUN_EN 为 TRUE，变频器运行，端子 SPEED 输出实际频率的百分比。

笔记

图 4-24　USS_Drive_Control 指令在线调试

笔记

（3）写变频器参数调试，如图4-25所示。例如，写入修改参数P1120，MW40输入写参数号，MD60输入写参数值。

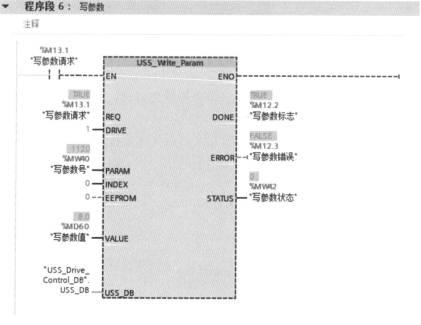

图4-25　写变频器参数调试

（4）读变频器参数调试，如图4-26所示。例如，读取参数P1120，MW34输入读参数号，在MD66中显示读取到的读参数值。

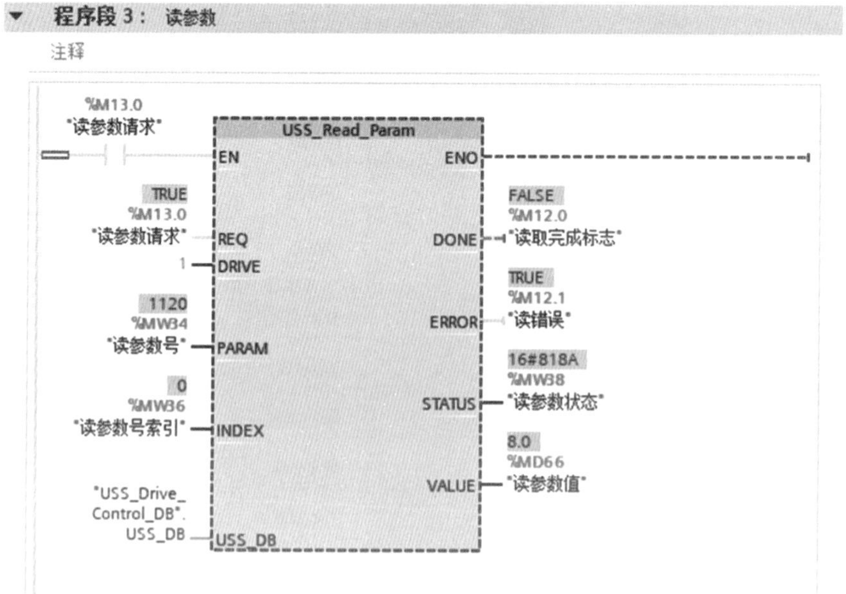

图4-26　读变频器参数调试

（5）运行调试过程记录数据如表4-22所示。

表 4-22　PLC 与变频器 USS 通信运行记录表

设定速度	运行方向 DIR	实际频率百分比	实际频率 /Hz
10%			
25%			
35%			
40%			
-20%			
-30%			
-45%			

8. 考核与评价

基于 PLC 的变频器 USS 通信控制考核评价如表 4-23 所示。

表 4-23　基于 PLC 的变频器 USS 通信控制考核评价表

任务 序号	评价内容	权重 /%	评价分数
1	正确连接电源、PLC、变频器与电动机的硬件线路	10	
2	能完成变频器参数复位和快速调试，变频器参数设置正确	10	
3	能完成变频器 USS 通信参数设置	15	
4	能完成 USS 通信程序的编写，PLC 程序的编译、下载、运行	15	
5	能够设定运行速度，控制电动机运行	15	
6	数据记录完整、正确	15	
7	合理施工，操作规范，在规定时间完成任务	10	
8	无旷课、迟到现象，团队意识强（工具保管、使用、收回情况，设备摆放情况，场地整理情况）	10	
总得分			
日期	学生	教师	

笔记

笔记

问 题 与 思 考

1. USS 协议通信总是由_____发起，不断循环轮询各个_____。

2. SINAMICS V20 变频器的 RS-485 协议设置中，参数 P2023=_____是选择 USS 协议。

3.S7-1200 PLC USS 通信指令中，_____指令需要周期性执行。

4. S7-1200 PLC 使用 USS 指令库进行 USS 通信，其中 USS_Drive_Control 指令的功能是什么？

_____

_____

_____

_____

_____

任务 4.3 **基于 PLC 的变频器 Modbus 通信**

任务引入

SINAMICS V20 变频器的通信具有广泛的兼容性，支持 Modbus 通信协议，可以与支持该协议的控制器组网通信，支持多个变频器接入，变频器作为从站接入网络。

本任务的学习目标是，了解 Modbus RTU 开放协议的结构和原理，掌握变频器 Modbus 通信参数的设置方法，能够编写 Modbus 通信程序，实现对变频器的控制和数据交互。

4.3.1 Modbus 协议通信

1.Modbus 通信协议概述

Modbus 是公开的，使用的是广泛的通信协议，其最简单的串行通信部分仅规定了在串行线路中的基本数据传输格式。Modbus 具有两种串行传输模式，ASCII（美国信息交换标准代码）和 RTU。两种模式定义了数据打包、解码的不同方式。Modbus 协议的设备一般都支持 RTU 格式。通信双方必须同时支持上述模式中的一种。

Modbus 是一种单主站的主/从通信模式，只有主站可以发起通信，从站进行应答。Modbus 网络上只能有一个主站存在，主站在 Modbus 网络上没有地址，从站的实际地址范围为 1~247。当从站被寻址并收到消息后，可以通过功能代码得知要执行的任务。从站接收的某些数据除对应由功能代码定义的任务之外，还包含一个用于错误检测的 CRC（循环冗余校验）码。

Modbus 从站在接收并处理一个单播消息帧之后会发送应答，前提是接收的消息帧中未检测到错误。如果发生处理错误，从站会发送错误消息进行应答。消息帧结构如表 4-24 所示，消息帧包括一个字节的从站地址，一个字节的功能代码，若干字节的数据和 2 个字节的 CRC 校验码，其中，功能代码后面的数据由功能代码决定。

表 4-24 Modbus 消息帧结构表

开始暂停	应用数据单元				结束暂停
	从站地址	协议数据单元		CRC	
		功能代码	数据	2 字节	
>=3.5 字符运行时间	1 字节	1 字节	0~252 字节	CRC 低位	CRC 高位	>=3.5 字符运行时间

SINAMICS V20 变频器仅支持 Modbus RTU 协议，支持 0x03、0x06 和 0x10 三种功能代码。如果收到带有未知功能代码的请求，从站会返回错误消息。

（1）功能代码 =0x03，读保持寄存器。PLC 向变频器发送的数据包括 4 字节数据，2 字节为寄存器的起始地址，2 字节为寄存器数量。变频器返回的数据包括字节数量，后跟具体字节数据，功能代码 0x03 帧数据结构如表 4-25 所示。

表 4-25 功能代码 0x03 帧数据结构

PLC →变频器							
字节 1	字节 2	字节 3	字节 4	字节 5	字节 6	字节 7	字节 8
		起始地址		寄存器数量		CRC 校验	
地址	0x03	高	低	高	低	高	低
变频器→ PLC							
字节 1	字节 2	字节 3	字节 4	字节 5	…	字节 $N*2-1$	字节 $N*2$	字节 $N*2+1$	字节 $N*2+2$
地址	0x03	字节数	寄存器 1 值		…	寄存器 N 值		CRC 校验	
			高	低	…	高	低	高	低

（2）功能代码 =0x06，写单一寄存器。PLC 向变频器发送的数据包括 4 字节数据，2 字节为寄存器的起始地址，2 字节为寄存器值，变频器返回的数据同样包括起始地址和寄存器值，功能代码 0x06 帧数据结构如表 4-26 所示。

笔记

笔记

表 4-26 功能代码 0x06 帧数据结构

PLC →变频器							
字节 1	字节 2	字节 3	字节 4	字节 5	字节 6	字节 7	字节 8
地址	0x06	起始地址		新寄存器值		CRC 校验	
		高	低	高	低	高	低
变频器 –>PLC							
字节 1	字节 2	字节 3	字节 4	字节 5	字节 6	字节 7	字节 8
地址	0x06	起始地址		新寄存器值		CRC 校验	
		高	低	高	低	高	低

（3）功能代码 =0x10，写多寄存器。PLC 向变频器发送的数据包括 5+N 字节数据，2 字节为寄存器的起始地址，2 字节为寄存器数量，1 字节为字节计数，N 字节为寄存器 N 值，变频器返回起始地址和寄存器数量，功能代码 0x10 帧数据结构如表 4-27 所示。

表 4-27 功能代码 0x10 帧数据结构

PLC →变频器											
字节 1	字节 2	字节 3	字节 4	字节 5	字节 6	字节 7	…	字节 N-1	字节 N	字节 N+1	字节 N+2
地址	0x10	起始地址		寄存器数量		字节数	…	寄存器 N 值		CRC 校验	
		高	低	高	低		…	高	低	高	低
变频器 → PLC											
字节 1	字节 2	字节 3	字节 4		字节 5	字节 6		字节 7	字节 8		
地址	0x10	起始地址			寄存器数量			CRC 校验			
		高	低		高	低		高	低		

2. SINAMICS V20 变频器 Modbus RTU 参数设置

SINAMICS V20 变频器的 Modbus RTU 通信参数设置如表 4-28 所示。也可以通过连接宏选择 Cn011 来实现 Modbus RTU 参数设置。

表 4-28 Modbus RTU 通信参数设置

参数	功能	设置
P0010	调试参数	=30：恢复出厂设置

续表

参数	功能	设置
P0970	工厂复位	=21：所有参数以及所有用户默认设置调为工厂复位状态
P0003	用户访问级别	=3：专家级
P0700	选择命令源	=5：RS-485 上的 USS/Modbus
P1000	频率设定值选择	=5：RS-485 上的 USS/Modbus
P2010[0]	USS / Modbus 波特率	可能的设置： =6：9600 bit/s（工厂缺省值）； =7：19200 bit/s； =8：38400 bit/s； ... =12：115200 bit/s
P2014[0]	USS/Modbus 报文间断时间 /ms	时间设为 0 时不发生故障（即"看门狗"被禁止）
P2021[0]	Modbus 地址	设置变频器的唯一从站地址，范围：1~127（工厂缺省值：1）
P2022[0]	Modbus 应答超时 / ms	范围：0~10000（工厂缺省值：1000）
P2023	RS-485 协议选择	=2：Modbus，工厂缺省值：1（USS）
P2034	RS-485 上的 Modbus 奇偶校验	设置 RS-485 上 Modbus 报文的奇偶校验。 可能的设置： =0：无奇偶校验； =1：奇校验； =2：偶校验
P2035	RS-485 上的 Modbus 停止位	设置 RS-485 上 Modbus 报文中的停止位数。 可能的设置： =1：1 个停止位； =2：2 个停止位

4.3.2　S7-1200 PLC 与 SINAMICS V20 变频器的 Modbus 通信

1. S7-1200 PLC 与 SINAMICS V20 变频器的 RS-485 连接

S7-1200 PLC 与 SINAMICS V20 变频器的 RS-485 网络构建有两种方式，一种是通过安装在 CPU 本体上的信号板 CB1241 与变频器连接；另一种是通过 CM1241 RS422/485 通信模块与变频器连接。如图 4-27（a）是 CB1241 信号板与变频器的 RS-485 连接，图 4-27（b）是通信模块与变频器的 RS-485 连接。

笔记

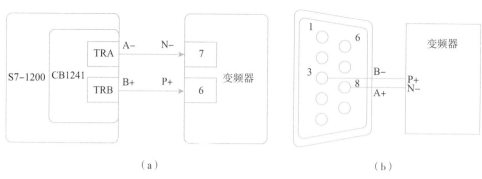

（a）　　　　　　　　　　　　　　（b）

图 4-27　S7-1200 PLC 通信模块与变频器的 RS-485 连接

（a）CB1241 信号板与变频器的 RS-485 连接；（b）通信模块与变频器的 RS-485 连接

2. SINAMICS V20 变频器的 Modbus 寄存器地址

SINAMICS V20 变频器支持两组寄存器（40001 至 40062、40100 至 40522），通过寄存器地址实现对变频器的控制和状态监视。SINAMICS V20 变频器对应的 Modbus 寄存器功能，举例如表 4-29 所示。

表 4-29　SINAMICS V20 变频器 Modbus 寄存器功能举例

寄存器编号	描述	访问类型	标定系数
40100	控制字	R/W	1
40101	主设定值	R/W	1
40110	状态字	R	1
40111	速度实际值	R	1
40322	斜坡上升时间	R/W	100
40323	斜坡下降时间	R/W	100

变频器的控制数据有控制字、状态字、转速设定值和实际转速等。SINAMICS V20 变频器通过寄存器地址 40100 被写入控制字；通过地址 40101 设定转速，16 进制 0~4000 H 对应 0~100% 的 P2000 基准频率；通过地址 40110 读取变频器状态字；通过地址 40111 读取变频器速度实际值。SINAMICS V20 变频器常用控制字有：

（1）047E：运行准备；

（2）047F：正转启动；

（3）0C7F：反转启动；

（4）04FE：故障确认。

3. S7-1200 PLC 的 Modbus 指令

S7-1200 PLC 的 CPU 作为 Modbus RTU 主站运行时，对远程 Modbus RTU 变频器从站中读 / 写数据和 I/O 状态，可以在用户程序中读取和处理远程数据。程序中的 Modbus RTU 程序块主要包括 Modbus_Comm_Load、Modbus_Master 和 MB_Slave。

① Modbus_Comm_Load：通过执行一次 Modbus_Comm_Load 指令，初始化设置点对点端口参数，如波特率、奇偶校验和流控制。为 Modbus RTU 协议组态 CPU 端口后，该端口只能由 Modbus_Comm_Load、MB_Slave 指令使用。

② Modbus_Master：该 Modbus 主指令使 CPU 充当 Modbus RTU 主设备，并与一个或多个 Modbus 从设备进行通信。

③ MB_Slave：该 Modbus 从指令使 CPU 充当 Modbus RTU 从设备，并与一个 Modbus 主设备进行通信。

（1）Modbus_Comm_Load 指令。Modbus_Comm_Load 指令通过 Modbus RTU 协议对用于通信的通信模块进行组态。对用于 Modbus 通信的每个通信端口，都必须执行一次 Modbus_Comm_Load 来组态，如图 4-28 所示。

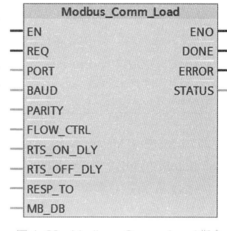

图 4-28　Modbus_Comm_Load 指令

当在程序中添加 Modbus_Comm_Load 指令时，将自动分配背景数据块。指令参数如表 4-30 所示。

表 4-30　Modbus_Comm_Load 指令参数表

参数	类型	数据类型	说明
REQ	IN	Bool	上升沿启动
PORT	IN	Port	配置通信端口
BAUD	IN	UDint	波 特 率：300、600、1200、2400、4800、9600、19200、38400、57600、76800、115200，其他所有值均无效
PARITY	IN	UInt	奇偶校验选择：0– 无；1– 奇校验；2– 偶校验
FLOW_CTRL	IN	UInt	流控制选择：0–（默认）无流控制

✏️ 笔记

参数	类型	数据类型	说明
RTS_ON_DLY	IN	UInt	RTS 接通延时选择：0-（默认）从 RTS 激活一直到传送消息的第一个字符之前无延时
RTS_OFF_DLY	IN	UInt	RTS 关断延时选择：0-（默认）从传送最后一个字符一直到 RTS 转入非活动状态之前无延时
RESP_TO	IN	UInt	响应超时。Modbus_Master 允许用于从站响应的时间（以毫秒为单位）
MB_DB	IN	Variant	对 Modbus_Master 或 MB_Slave 指令所使用的背景数据块的引用
DONE	OUT	Bool	完成标志，上一请求已完成且没有出错后，DONE 位将在一个扫描周期时间保持为 TRUE
ERROR	OUT	Bool	错误标志，上一请求因错误而终止后，ERROR 位将在一个扫描周期时间保持为 TRUE
STATUS	OUT	Word	执行条件代码

（2）Modbus_Master 指令。Modbus_Master 指令可通过由 Modbus_Comm_Load 指令组态的端口作为 Modbus 主站进行通信，如图 4-29 所示。当在程序中添加 Modbus_Master 指令时，将自动分配背景数据块。

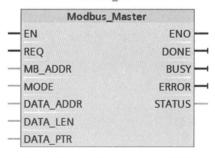

图 4-29　Modbus_Master 指令

Modbus_Comm_Load 指令的 MB_DB 参数必须连接到 Modbus_Master 指令的（静态）MB_DB 参数。指令参数如表 4-31 所示。

表 4-31　Modbus_Master 参数表

参数	类型	数据类型	说明
REQ	IN	Bool	0= 无请求； 1= 请求将数据传送到 Modbus 从站

续表

参数	类型	数据类型	说明
MB_ADDR	IN	USInt	Modbus RTU 站地址：标准寻址范围（1~247）
MODE			模式选择：指定请求类型（0- 读、1- 写或诊断）
DATA_ADDR	IN	UDInt	从站中的起始地址：指定要在 Modbus 从站中访问的数据的起始地址（40001~49999）
DATA_LEN	IN	UInt	数据长度：指定此请求中要访问的位数或字数
DATA_PTR	IN	Variant	数据指针：指向要写入或读取的数据的 M 或 DB 地址（标准 DB 类型）
DONE	OUT	Bool	完成标志，上一请求已完成且没有出错后，DONE 位将在一个扫描周期时间保持为 TRUE
BUSY	OUT	Bool	0– 无 正 在 进 行 的 Modbus_Master 操 作；1–Modbus_Master 操作正在进行
ERROR	OUT	Bool	错误标志，上一请求因错误而终止后，ERROR 位将在一个扫描周期时间保持为 TRUE
STATUS	OUT	Word	执行条件代码

技能训练

PLC 与 SINAMICS V20 变频器的 Modbus 通信控制

1. 训练目的

（1）了解 Modbus 通信原理及架构。

（2）掌握变频器 Modbus 参数设置。

（3）掌握 S7-1200 PLC Modbus 指令功能及使用方法。

（4）掌握 PLC 与变频器的 RS-485 连接。

（5）会使用 Modbus 指令编写 PLC 通信程序，控制变频器运行。

2. 训练要求

PLC 通过外接按钮作为输入控制信号，PLC 通过 RS-485 总线控制变频器。

（1）设置变频器 Modbus RTU 通信相关参数。

（2）编写 PLC 程序，在线调试变频器，控制电动机运行。

（3）PLC 设定变频器频率 20 Hz，控制电动机正转运行。

（4）PLC 设定变频器频率 15 Hz，控制电动机反转运行。

（5）运行过程中，PLC 在线查看变频器的状态，读取实际输出频率。

笔记

3. 训练准备

基于 PLC 的变频器 Modbus RTU 通信控制所需器件如表 4-32 所示。

表 4-32　基于 PLC 的变频器 Modbus RTU 通信控制所需器件

序号	名称	备注
1	断路器	220 V/10 A
2	SINAMICS V20 变频器	6SL3210-5BB12-5UV1（1 AC200~240 V，0.25 kW，1.7 A，FSAA）
3	PLC	S7-1200 CPU1214C（DC/DC/DC），模拟量输出 SB1232
4	通信信号板	CB1241 RS-485 6ES7 241-1CH30-1XB0
5	电动机	额定电流 0.3 A，额定功率 60 W，额定频率 50 Hz，额定转速 1430 rpm，功率因数 0.85
6	软件	TIA V16，S7-1200 PLC 编程软件

4. 电路连接

依据 PLC 与变频器 RS-485 通信接口电路，连接变频器的电源和电动机，L1、L2 接单相电源，U、V、W 接三相异步电动机，电动机按照星形连接。连接 PLC 电路，连接 PLC 与变频器 RS-485 通信端口。

5. 变频器参数设置

（1）电路接线无误，闭合 QF1，变频器上电，显示正常。

（2）变频器恢复出厂设置。

（3）快速调试，设置电动机参数。

（4）变频器 Modbus RTU 通信设置参数，或选择接口宏 Cn011，修改其中的参数，与表 4-33 所示一致。

表 4-33　SINAMICS V20 变频器 Modbus RTU 通信参数设置表

参数号	参数值	说明
P700	5	命令源来源于 RS-485 总线
P1000	5	设定值来源于 RS-485 总线
P2000	50	百分比 100% → P2000 的值
P2010	6	设置通信波特率 9600 bit/s
P2014	0	USS/Modbus 报文间断时间
P2021	1	变频器从站地址
P2023	2	选择通信协议为 Modbus

续表

参数号	参数值	说明
P2034	2	偶校验
P2035	2	1 位停止位

6. 闭合 QF2，PLC 上电运行，编写程序，编译下载

（1）新建项目，组态硬件。打开 TIA V16，新建项目，添加 PLC CPU1214C DC/DC/DC 和信号板。组态 PLC 名称及 IP 地址。

（2）添加"Modbus_Comm_Load"指令，配置 Modbus。使用右侧指令树→通信→通信处理器→Modbus（RTU）下的新版指令，如图 4-30 所示。添加指令的同时，会建立背景数据块。新版"Modbus_Comm_Load"指令接通一个周期。完成 Modbus 配置。

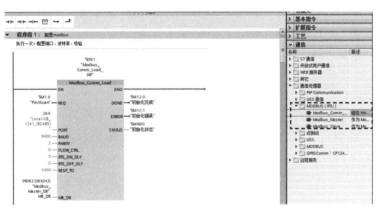

图 4-30　添加"Modbus_Comm_Load"指令

在信号板模块"属性"→"系统常数"下找到硬件标识符，如图 4-31 所示。在指令中的输入参数 Port 对应通信端口选择或输入硬件标识符。

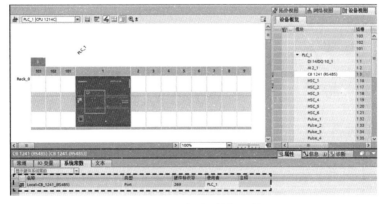

图 4-31　查看硬件标识符

（3）添加"Modbus_Master"指令，读变频器状态字。PLC 作为主站，需

笔记

要调用该指令。指令同时添加背景数据块，如图 4-32 所示。"Modbus_Comm_Load"指令完成标志位和错误标志位作为触发条件。

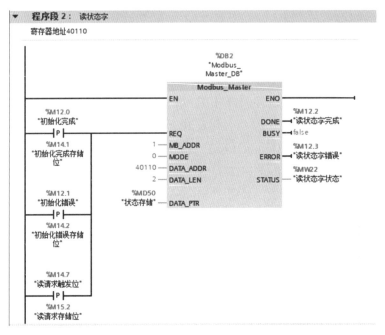

图 4-32　添加"Modbus_Master"指令配置参数

（4）变频器写入控制字。

①添加"Modbus_Master"指令，向变频器控制字寄存器地址 40100 写控制字。

②读状态字完成标志位和错误标志位作为触发条件，如图 4-33 所示。

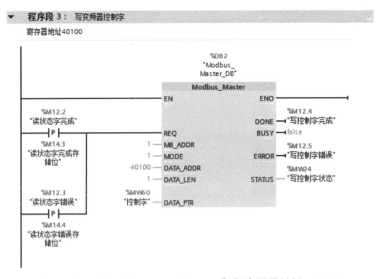

图 4-33　添加"Modbus_Master"指令配置地址 40100

（5）变频器写入频率。

①添加"Modbus_Master"指令，向变频器转速设定寄存器地址 40101 写入
频率。

笔记

②写控制字完成标志位和错误标志位作为触发条件，如图 4-34 所示。

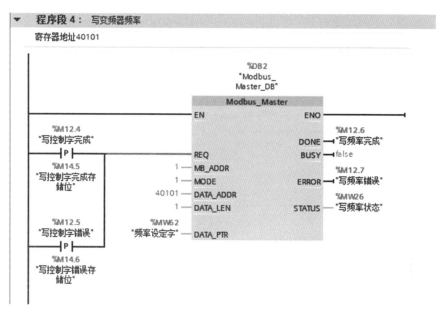

图 4-34   添加"Modbus_Master"指令配置地址 40101

（6）添加轮询程序。写频率完成标志位和错误标志位作为读状态字触发条
件，如图 4-35 所示。

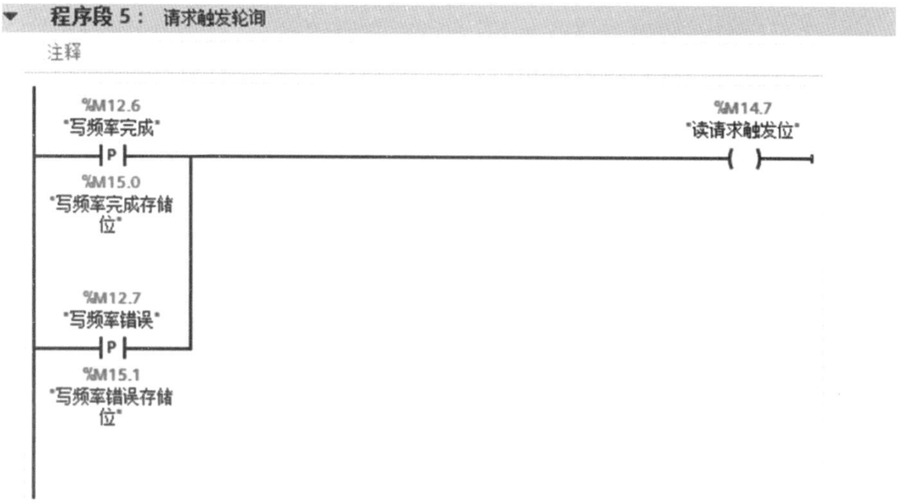

图 4-35   添加轮询程序

（7）发送控制命令字。依据变频器操作，使用 MOVE 指令向 MW60 写入控
制命令，包括变频器停止、正转、反转、复位等，如图 4-36 所示。

189

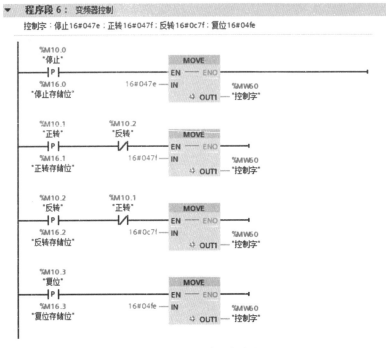

图 4-36　发送控制命令字

（8）添加频率设定转换和实际频率转换程序。设置频率设定为 0~50 Hz，变换为 0~16384 变频器能够接收的数字量范围。与此相反，PLC 读取变频器的实际频率数字量 0~16384，也需要转换为实际频率 0~50 Hz，利用标准化和缩放指令实现，如图 4-37 所示。

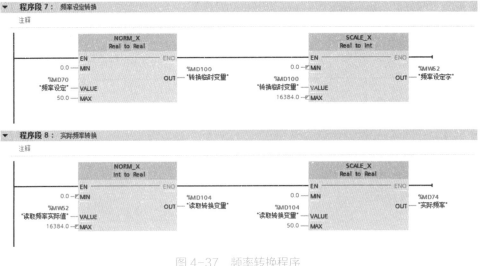

图 4-37　频率转换程序

（9）修改背景数据块。修改" Modbus_Comm_Load_DB "背景数据块参数MODE 值为 16#04，如图 4-38 所示。

Modbus_Comm_Load_DB			
	名称	数据类型	起始值
1 ▼ Input			
2 ■ REQ		Bool	false
3 ■ PORT		PORT	0
4 ■ BAUD		UDInt	9600
5 ■ PARITY		UInt	0
6 ■ FLOW_CTRL		UInt	0
7 ■ RTS_ON_DLY		UInt	0
8 ■ RTS_OFF_DLY		UInt	0
9 ■ RESP_TO		UInt	1000
10 ▼ Output			
11 ■ DONE		Bool	false
12 ■ ERROR		Bool	false
13 ■ STATUS		Word	W#16#7000
14 ▼ InOut			
15 ■ MB_DB		P2P_MB_BASE	
16 ▼ Static			
17 ■ ICHAR_GAP		Word	16#0
18 ■ RETRIES		Word	16#0
19 ■ MODE		USInt	16#04
20 ■ LINE_PRE		USInt	16#00
21 ■ BRK_DET		USInt	16#00
22 ■ EN_DIAG_ALARM		Bool	false
23 ■ STOP_BITS		USInt	1
24 ■ EN_SUPPLY_VOLT		Bool	false
25 ■ REQ		Bool	false

图 4-38　修改背景数据块

（10）程序编译并下载。程序编译无误，下载程序至 PLC 中运行。

7. 运行与调试

（1）启用在线调试。在 OB1 程序中，单击 [📺] 图标，启用在线调试。

（2）设定运行频率。双击频率设定 MD70，设置频率 15.0，转换以后数字量 MW62 送变频器寄存器 40101，如图 4-39 所示。

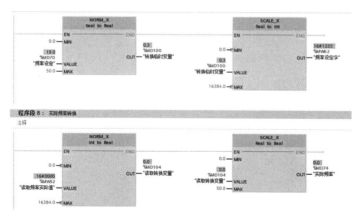

图 4-39　设定运行频率

（3）变频器运行调试。使用 MOVE 指令发送变频器控制字，控制电动机运行，如图 4-40 所示。

①停止。使用 M10.0 向变频器发送停止指令。

②正转。使用 M10.1 向变频器发送正转指令，驱动电动机正向运行。

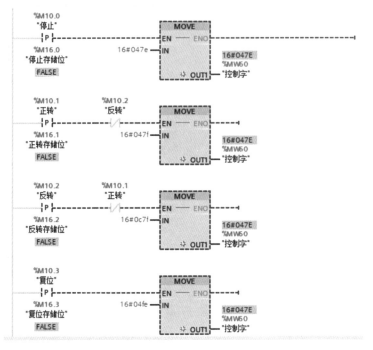

③反转。使用 M10.2 向变频器发送反转指令，驱动电动机反向运行。

④复位。使用 M10.3 向变频器发送复位指令，变频器执行复位操作。

图 4-40　变频器运行调试

（4）变频器状态监视。MW52 从变频器读取的过程数字量进行存放，转化后存放在 MD74 实际频率，如图 4-41 所示。

图 4-41　变频器状态监视

（5）数据记录。启用在线调试，运行调试过程中数据记录表如表 4-34 所示。

表 4-34　PLC 与变频器 Modbus 通信数据记录表

	设定频率 /Hz	写寄存器值	实际频率 /Hz	读寄存器值
正转	20			
	30			
	40			
	50			

续表

	设定频率 /Hz	写寄存器值	实际频率 /Hz	读寄存器值
反转	45			
	35			
	25			
	15			

8. 考核与评价

基于 PLC 的变频器 Modbus 通信控制考核评价如表 4-35 所示。

表 4-35　基于 PLC 的变频器 Modbus 通信控制考核评价表

任务序号	评价内容	权重 /%	评分
1	正确连接电源、PLC、变频器与电动机的硬件线路	10	
2	能完成变频器参数复位和快速调试，变频器参数设置正确	15	
3	能完成 PLC 程序编写并下载运行	10	
4	能运用程序设置变频器运行频率	15	
5	能读取变频器状态参数	15	
6	完成数据记录，记录完整、正确	15	
7	合理施工，操作规范，在规定时间完成任务	10	
8	无旷课、迟到现象，团队意识强（工具保管、使用、收回情况，设备摆放情况，场地整理情况）	10	
总得分			
日期	学生	教师	

🔍 问题与思考

1. Modbus 具有两种串行传输协议_____和_____。

2. SINAMICS V20 变频器仅支持_____协议，支持_____、_____和_____三种功能代码。

3. SINAMICS V20 变频器参数 P2023 是选择 USS/Modbus 通信协议的，如果选择 Modbus 协议应该设置为_____。

4. SINAMICS V20 变频器设置从站地址参数是_____。

笔记

5. SINAMICS V20 变频器 Modbus 通信需要初始化通信接口，使用指令是_____。

6. SINAMICS V20 变频器 Modbus 通信协议控制字中，使用十六进制表示变频器的启动是_____，变频器的停止是_____，变频器的反转是_____，变频器的复位是_____。

7. SINAMICS V20 变频器 Modbus 通信协议中，控制字寄存器地址是_____，变频器设定值寄存器是_____，变频器状态字寄存器地址是_____，变频器实际频率寄存器地址是_____。

拓展阅读

西门子设计平台的软硬件技术融合

新一代的西门子开发工具 TIA Portal 用于集成自动化项目的主要组件和功能的工程组态系统。TIA Portal 对自动化工程师来说可以在一个项目中组态多个设备并分别进行上位与 PLC 程序设计，也可以在上下位之间共享变量，包含了从现场到运营的整个流程，涵盖了现场层、控制层和运营管理层。经过不断发展和完善，TIA Portal 已经不仅仅是一个工程组态平台，更是软件硬件的集成开发平台，体现了自动化现场项目开发的便利性和快捷性。

TIA Portal 软件集成化。通过 TIA Portal，不仅可集成基本软件（STEP 7、WinCC、PLCSIM、SINAMICS Startdrive、SIMOCODE ES 和 SIMOTION SCOUT TIA），还可在单一界面中执行多用户管理和能源管理等新的功能。各部分的软件无缝衔接，提供了以高效且可管理的方式将自动化与数字化联系在一起的各种功能。PLCSIM 可以提供一个全面的仿真环境，用于在实际硬件部署前验证软件系统的功能。

TIA Portal 硬件集成化。兼容广泛的自动化现场设备，平台不仅提供了硬件组态，基本上支持西门子现场自动化设备驱动，还提供了对第三方设备的支持功能。Startdrive 提供了对西门子变频器的支持，使其在进行参数设置时，无需采用传统的面板方式。SIMOTION SCOUT TIA 将 SIMOTION 运动控制系统集成在了 TIA Portal 中，深度集成了运动控制驱动系统功能，将运动控制任务、PLC 任务、工艺功能和驱动组态组合在一个系统当中。

在不断的努力下，国产的自动化设备逐渐占据了一定的市场份额，得到了市场的认可，产品技术也不断提升。国产的自动化设备在全集成自动化项目开发软件设计上，还有很长的路要走，虽然很多厂商都有自己的硬件设备，也提供了相对应的开发平台，但是存在功能单一的现象，尚且不具备全集成自动化设计开发功能。

项目 5

SINAMICS V90

伺服驱动系统运行与调试

（1）了解 SINAMICS V90 伺服驱动器结构。

（2）了解 SINAMICS V90 伺服驱动器 PN 通信协议。

（3）熟悉 V90 驱动器内置操作面板及操作。

（4）熟悉西门子 PLC 轴定义工艺对象功能。

（5）熟悉 SINAMICS V90 PN 的速度控制方法。

（6）熟悉 Epos 基本定位功能。

（7）掌握西门子 PLC 伺服驱动指令。

能力目标

（1）能够完成 SINAMICS V90 的主电路接线。

（2）会操作 SINAMICS V90 面板调试驱动器。

（3）能够使用 V-ASSISTANT 软件设置 V90 PN 伺服驱动器。

（4）会组态 SINAMICS V90 PN 和 S7-1200 PLC。

（5）会编写 PLC 程序控制 SINAMICS V90 PN 的速度。

（6）会使用 PLC 轴工艺对象调试 SINAMICS V90 PN 伺服。

（7）会编写 PLC 程序，使用 FB284 程序块调试 V90 PN 伺服驱动器。

素质目标

（1）规范言行举止，养成良好的职业习惯。

（2）通过实验培养团队合作精神、沟通及表达能力。

（3）培养探索求知的科学精神。

笔记

项目概述 >

伺服系统是自动控制系统的重要组成部分。伺服系统在自动化生产线等行业中应用广泛，机床运动部分的速度控制、运动轨迹控制、位置控制等，都是依靠各种伺服系统控制的。运动系统不仅能完成转动控制、直线运动控制等多种运动形式，而且能依靠多套伺服系统的配合，完成对复杂的空间曲线运动的控制，如对仿型机床的控制等。

机器人被誉为"制造业皇冠顶端的明珠"，其研发、制造、应用的水平是衡量一个国家科技创新和高端制造业水平的重要参考对象。机器人手臂关节的运动控制都是由伺服系统驱动，是关键核心部件及技术。我国在《"十四五"机器人产业发展规划》中明确了优化高性能伺服驱动控制、伺服电机结构设计、制造工艺、自整定等技术，研制高精度、高功率密度的机器人专用伺服电机及高性能电机制动器等核心部件。本项目介绍了伺服驱动系统的基本结构及原理，读者通过技能训练能够掌握西门子常用伺服驱动系统构成和操作使用方法。

任务 5.1 SINAMICS V90 PN 伺服驱动器基本操作

任务引入 >

一条自动化分拣生产线，利用 SINAMICS V90 伺服驱动器可以实现精确定位的功能。首先，实现这种效果需要对伺服系统进行基本的认知。

本任务的学习目标是，了解伺服系统的构成和原理，熟悉 SINAMICS V90 伺服驱动器的接口及连线方法，掌握伺服驱动器的基本操作，会进行伺服驱动器的接线，会使用操作面板完成信息浏览及调试。

5.1.1 伺服驱动原理

1. 伺服驱动系统结构

伺服就是使物体的位置、方位、状态等输出被控量能够跟随输入目标（或给定值）任意变化的自动控制系统。伺服（servo）一词来源于拉丁语，意思是能够让电机按照下达的指令去执行的控制系统。

伺服驱动系统是机械生产设备实现自动化、智能化的重要部件，其主要组成部分为上位控制器、伺服驱动器、伺服电机和位置检测反馈元件，如图 5-1 所示。伺服驱动器通过伺服控制器的指令来控制伺服电机，进而驱动机械装备的运动部件，实现对机械装备运动的速度、载荷以及对位置快速、精确和稳定的控制，反馈元件通常是安装在伺服电机上的编码器，能够将实际机械运动速度、位置等信息反馈至电气控制装置，从而实现闭环控制。

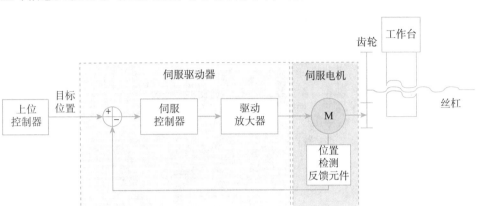

图 5-1　伺服驱动系统的结构

这里的上位控制器可以是工业控制计算机，也可以是 PLC，由它生成目标轨迹，给出目标位置。伺服控制器按照系统的给定值和反馈装置的检测实际值之差调节控制量。上位控制器和伺服驱动器之间，通常采用脉冲序列的方式或总线方式进行信号传递。

伺服驱动器又称伺服功率放大器，作为伺服系统的主回路，一方面按接收目标给定值，完成控制量的计算，将电网中的电能作用到伺服电机上，调节电动机电流或转矩的大小，另一方面把工频交流电转换为幅度和频率均可变的交流电提供给伺服电机，实现对伺服电机位置、速度或转矩的控制。

伺服电机是伺服系统的执行元件，将控制电压转换成角位移或角速度拖动生产机械运转。其主要作用：实现以小功率指令信号去控制大功率负载；在没有机械连接的情况下，由输入轴控制位于远处的输出轴，实现远距离同步传动；使输出机械位移精确地跟踪电信号。

2. 伺服驱动器控制原理

伺服驱动器的功能是接收目标信号，将工频交流电源转换成幅度和频率均可变的交流电源驱动伺服电机。伺服驱动器主要有 3 种控制模式，分别是位置控制模式、速度控制模式和转矩控制模式。其控制模式可以通过设置伺服驱动器的参数来改变。

（1）位置控制模式。位置控制模式是伺服中最常用的控制方式，一般通过外部输入脉冲的频率来确定伺服电机转动的速度，通过脉冲数来确定伺服电机转动的角度，用于定位装置。

位置控制模式的组成结构如图 5-2 所示。伺服控制器发出控制信号和脉冲信号给伺服驱动器，伺服驱动器输出 U、V、W 三相电源电压给伺服电机，驱动伺服电机工作，与伺服电机同轴旋转的编码器会将伺服电机的旋转信息反馈给伺

笔记

笔记

服驱动器。伺服控制器输出的脉冲信号用来确定伺服电机的转数，在伺服驱动器中，该脉冲信号与编码器送来的脉冲信号进行比较，若两者相等，表明电机旋转的转数已达到要求，伺服电机驱动的执行部件已移动到指定位置。伺服控制器发出的脉冲个数越多，伺服电机就会旋转更多的圈数。

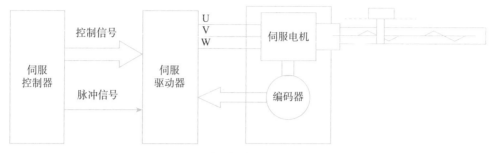

图 5-2　位置控制模式的组成结构

（2）速度控制模式。当伺服驱动器工作在速度控制模式时，通过控制输出电源的频率来对电机进行调速。伺服驱动器无需输入脉冲信号也可以正常工作，故可取消伺服控制器，此时的伺服驱动器类似于变频器。由于驱动器能接收伺服电机的编码器送来的转速信息，不但能调节电机的速度，还能让电机转速保持稳定。

速度控制模式的组成结构如图 5-3 所示。伺服驱动器输出 U、V、W 三相电源电压给伺服电机，驱动电机工作，编码器会将伺服驱动器的旋转信息反馈给伺服驱动器。电机旋转速度越快，编码器反馈给伺服驱动器的脉冲频率越高。操作伺服驱动器的有关输入开关，可以控制伺服电机的启动、停止和旋转方向等。调节伺服驱动器的有关输入电位器，可以调节电机的转速。

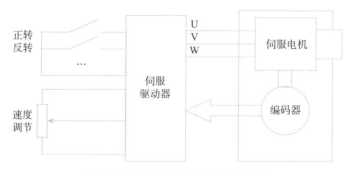

图 5-3　速度控制模式的组成结构

伺服驱动器的输入开关、电位器等输入的控制信号也可以用 PLC 等控制设备来产生。

（3）转矩控制模式。当伺服驱动器工作在转矩控制模式时，通过外部模拟量输入控制电机的输出转矩大小。与速度控制模式类似，伺服驱动器无需输入脉冲信号也可以正常工作，故可取消伺服控制器，通过操作伺服驱动器的输入电位器，可以调节伺服电机的输出转矩。转矩控制模式的组成结构如图 5-4 所示。

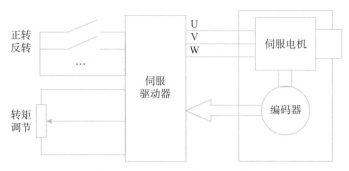

图 5-4　转矩控制模式的组成结构

3. 伺服系统的性能指标

伺服系统的主要控制目标是伺服输出跟踪输入指令的变化。具体来说，在机电一体化产品中，对伺服系统的性能指标要求主要包括以下内容。

（1）定位精度。系统最终位置与指令目标位置之间的静态误差大小即为定位精度，定位精度是评价位置伺服系统定位准确度的一个关键指标。对交流伺服系统而言，应当满足前后 1 个脉冲的定位精度要求。

（2）调速范围。伺服系统的调速范围可以用电机最高转速与最低转速之比来表示，通常比值大于等于 10000 才能满足低速加工和高速返回的要求。

（3）调速静态特性。对绝大多数负载来说，负载变化时速度瞬态变化越小，工作越稳定，所以希望机械特性越硬越好。

（4）调速动态特性。动态特性，即速度变化的暂态特性，主要包括两个方面：一是升速和降速过程是否快捷，是否灵敏且无超调。正确情况要求电机转子惯量小，转矩 / 惯量比大，单位体积有较大的电机转矩输出。二是当负载突增突减时，系统的转速能否自动调节而迅速恢复。

5.1.2　伺服电机

伺服电机可以将电压信号转化为角位移和角速度输出以驱动控制对象，其控制速度、位置精度非常准确。伺服电机转子转速受输入信号控制，并能快速反应，在自动控制系统中，用作执行元件，且具有机电时间常数小、线性度高等特性，可把所收到的电信号转换成电机轴上的角位移或角速度输出。其主要特点是，当信号电压为零时无自转现象，转速随着转矩的增加而匀速下降。

伺服电机分为两种：直流供电的是直流伺服电机，交流供电的是交流伺服电机。

目前运动控制中一般都用同步交流伺服电机，主要由定子、转子、编码器、前后端盖及轴承构成，如图 5-5 所示。

筆记

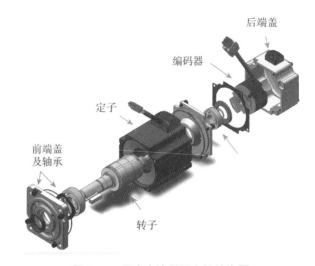

图 5-5　同步交流伺服电机结构图

交流伺服电机内部的转子是永磁铁，驱动器控制的 U、V、W 三相电形成电磁场，转子在此磁场的作用下转动，同时电机自带的编码器反馈信号给驱动器，驱动器根据反馈值与目标值进行比较，调整转子转动的角度。伺服电机的精度取决于编码器的精度（线数）。

伺服电机的应用领域广泛，只要是有动力源的，而且对精度有要求的，例如机床、印刷设备、包装设备、纺织设备、激光加工设备、机器人、自动化生产线等对工艺精度、加工效率和工作可靠性等要求相对较高的设备一般都可能涉及伺服电机。

5.1.3　编码器

编码器（encoder）是将信号（如比特流）或数据进行编制、转换为可用于通信、传输和存储的信号形式的设备。

1. 主要分类

编码器可按以下方式来分类。

（1）按码盘的刻孔方式。

①增量型。先将位移转换成周期性的电信号，再把这个电信号转变成计数脉冲，用脉冲的个数表示位移的大小。

②绝对值型。每一个位置对应一个确定的数字码，因此它的示值只与测量的起始和终止位置有关，而与测量的中间过程无关。

（2）按信号的输出类型。按信号的输出类型分为电压输出、集电极开路输出、推挽互补输出和差分驱动输出。

（3）按编码器机械安装形式。

①有轴型。有轴型又可分为夹紧法兰型、同步法兰型和伺服安装型等。

②轴套型。轴套型又可分为半空型、全空型和大口径型等。

（4）按编码器工作原理。按编码器工作原理可分为光电式、磁电式和触点电刷式。

2. 工作原理

旋转编码器通常用来测量电机旋转角度或位移。旋转编码器是由光栅盘（又叫码盘）和光电检测装置（又叫接收器）组成。光栅盘是在一定直径的圆板上等分地开通若干个长方形孔。由于光栅盘与电机同轴，电机旋转时，光栅盘与电机同速旋转，发光二极管垂直照射光栅盘，把光栅盘图像投射到由光敏元件构成的光电检测装置（接收器）上，光栅盘转动所产生的光脉冲经转换后以相应的电脉冲信号输出。

增量式旋转编码器通过两个光敏接收管来转化角度码盘的时序和相位关系，得到角度码盘角度位移量的增加（正方向）或减少（负方向）的量，工作原理如 5-6 图所示。

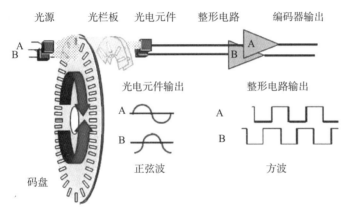

图 5-6 增量式旋转编码器工作原理示意图

光源照射码盘，码盘旋转过程中，光电元件接收光源通过码盘的光信号，经过整形电路，输出 A、B 两相脉冲信号。每转过单位的角度就发出一个脉冲信号，通常为 A 相、B 相、Z 相输出，A 相、B 相为相互延迟 1/4 周期的脉冲输出，根据延迟关系可以区别正反转，而且通过取 A 相、B 相的上升和下降沿可以进行 2 或 4 倍频，Z 相为单圈脉冲，即每圈发出一个脉冲。

绝对值编码器对应一圈，每个基准的角度发出一个唯一与该角度对应二进制的数值，通过外部记圈器件可以进行多个位置的记录和测量。绝对值编码器的输出可直接反映 360° 范围内的绝对角度，绝对位置可通过输出信号的幅值或光栅的物理编码刻度鉴别，前者称旋转变压器，后者称绝对值编码器。

3. 编码器的分辨率

分辨率是指编码器每个计数单位之间产生的距离，是编码器可以测量到的最小距离。编码器轴转动一圈会输出固定的脉冲数，脉冲数由编码器码盘上面的光栅的线数所决定，编码器可以以每旋转 360 度提供多少明或暗的刻线称为分辨率（PPR），也可以用每转多少个脉冲数来表示编码器的分辨率。

笔记

绝对值编码器分辨率一般被定义为位的形式，因为绝对值编码器输出是基于编码器实际位置的二进制"字"。一位是一个二进制单位，如 16 位等于 216，或者 65536。因此，一个 16 位编码器每圈提供 65536 个量化单位。

5.1.4　SINAMICS V90 伺服系统的组成

SINAMICS V90 是西门子推出的一款小型、高效便捷的伺服系统。其与 SIMOTICS S-1FL6 伺服电机组成伺服驱动系统，可实现位置控制、速度控制和扭矩控制。其利用运动控制器和伺服驱动器来替代机械结构，即机电一体化的结构，在工业领域得到了大面积的应用。当前在金属加工行业中起推动作用的控制技术与传动技术已经广泛应用在木材加工、玻璃与陶瓷工业、包装机械、机器人以及特种机械设备等其他领域之中。

SINAMICS V90 伺服控制器提供两种进线电压，分别为 1 AC/3 AC 200~240 V 低惯量和 3 AC 380~480 V 高惯量伺服系统。

（1）第一种，进线电压为 1/3 AC200~240 V，功率范围为 0.1~2 kW，与低惯量的 1FL6 电机相匹配。低惯量电机可在速度和加速方面实现极高的动态性能。低惯量 1FL6 电机有 8 个功率段，4 种轴高，功率范围为 0.05~2 kW。

（2）第二种，进线电压为 380~480 V，功率范围为 0.4~7 kW，与高惯量的 1FL6 电机相匹配。高惯量电机可实现更加平稳的负载调节，并在扭矩和速度方面达到极佳的控制精度。高惯量 1FL6 电机有 11 个功率段，3 种轴高，功率范围为 0.4~7 kW，额定转矩范围为 1.27~33.4 N·m。

1. SINAMICS V90 伺服驱动器的两个版本

SINAMICS V90 伺服驱动器根据不同的应用分为脉冲序列版本（PTI）和 PROFINET（PN）通信版本两个版本，如图 5-7 所示。

(a)　　　　　　　　(b)

图 5-7　SINAMICS V90 伺服驱动器的两个版本
(a) 脉冲序列版本；(b) PROFINET 通信版本

（1）脉冲序列版本。集成了脉冲、模拟量、USS/Modbus 等接口，可以实现内部定位块功能，同时具有脉冲位置控制、速度控制、力矩控制模式，适用于 S7-200SMART、S7-1200 等支持高速脉冲输出或 Modbus RTU 通信的控制器。

（2）PROFINET 通信版本。集成了 PROFINET 接口，可以通过 PROFIdrive 协议与上位控制器通信，适用于 S7-300/400、S7-1200、S7-1500 等支持 PROFINET 通信的控制器。

2. 1FL6 伺服电机

（1）电机的转动惯量。刚体绕轴转动时惯性（回转物体保持其匀速圆周运动或静止的特性）的量度，用字母 I 或 J 表示转动惯量。计算时可将转子看成一个密度均匀的圆柱体，质量为 m，则电动机转子的转动惯量 $J=mr^2/2$（$kg \cdot m^2$）。

电机有小惯量、中惯量和大惯量之分，同一功率下，电机转动惯量 J 越大，则电机的输出转矩越大，但速度越低。所以，小惯量电机有响应速度快的优点，前提条件是拖动负载的惯量不能太大。因为电机输出转矩（T）与转动惯量（J）和角加速度（β）的关系是 $T=J\beta/2 = mr^2\beta/2$，所以，如果负载惯量恒定，则电动机的输出转矩与角加速度成正比。

（2）SINAMICS V90 伺服电机。SINAMICS V90 驱动器配套使用的电机是 SIMOTICSS-1FL6 系列伺服电机。1FL6 系列伺服电机分为低惯量和高惯量两种类型，如图 5-8 所示。

（a）　　　　　　　　　　　　　　　　（b）

图 5-8　1FL6 系列伺服电机的两种类型
（a）1FL6 低惯量电机；（b）1FL6 高惯量电机

　SIMOTICS S-1FL6 低惯量电机功率范围为 0.05~2 kW，共 8 个级别。低惯量电机属于细长型外观，加减速快，适用于高动态性能应用场合，可以实现更大的加速度以及更短的运行周期，同时，低惯量电机体积小，可以满足相对有限的安装空间要求。

　SIMOTICS S-1FL6 高惯量功率范围为 0.4~7 kW，共 11 个级别。高惯量电机相对体积较大，适用于需要平稳运行的应用场合，可实现更高的扭矩精度和极低的速度波动，保持平稳的速度运行。

　低惯量电机具有增量编码器和单圈绝对值编码器两种类型，高惯量电机具有

笔记

增量编码器和多圈绝对值编码器两种类型。增量编码器断电后位置不能被记忆，而绝对值编码器断电后位置可以保持，不需要电池。

5.1.5 SINAMICS V90 伺服驱动器的尺寸及安装

SINAMICS V90 伺服驱动器按照进线电压的不同，分为 200 V 和 400 V 两个系列，200 V 系列从 FSA 至 FSD 有四种尺寸可供选择，400 V 系列则有从 FSAA 至 FSD 四种尺寸可选。

伺服驱动装置内部具有功率半导体器件，通过大电流、高电压的快速器件开关来输出谐波含量很高的通断电压实现电机调速，伺服驱动器本身就是一个干扰源，同时驱动器的脉冲输出、通信、编码器等敏感设备也会因受到其他设备的电磁干扰而不能正常工作。为了保证驱动器既不影响其他设备也能保证自身运行不受影响，在电柜的安装设计及现场安装布线时必须遵守一些有效的安装规范及要求。

1. 驱动器柜内安装方向及间距

安装变频器时，安装板使用无漆镀锌钢板，将驱动器垂直安装在上面，确保变频器的散热器和安装板之间有良好的电气连接，驱动器并列安装间距大于 10 mm，与上下柜体间距大于 100 mm，如图 5-9 所示。

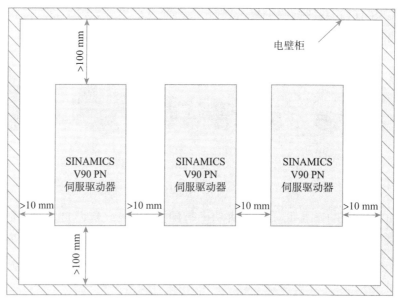

图 5-9　SINAMICS V90 PN 柜内安装间距示意图

2. 接地及等电位连接

通过所有金属部件互相大面积连接，如控制柜背板。在机柜单元中安装的设备外壳和组件（如变频器、电源滤波器、控制单元、端子模块、传感器模块等）

通过导电性能良好的装配板大面积互相连接。此装配板和机柜、机柜单元的 PE 母线排或屏蔽母线排大面积导电相连。PE 母排需要保证足够的接地效果。

确保传动柜接地良好。使用短和粗的接地线连接到公共接地点或接地母排上，连接到变频器的任何控制设备（如 PLC 等）要与变频器共地。

通过互相分隔干扰源及被干扰对象，能简单经济的实现设备或控制柜内部的抗干扰措施。该分隔必须在柜内设计时予以考虑，可通过区域长间距降低干扰（大约 20 cm）。不同区域的电缆必须分隔开，避免互相干扰。

3. 动力电缆及编码器电缆连接

为满足 EMC 要求，所有与 SINAMICS V90 系统相连接的电缆必须为屏蔽电缆，这包括电源到电源滤波器的电缆以及电源滤波器到 SINAMICS V90 驱动的电缆。屏蔽双绞线的屏蔽层应连接至伺服驱动器的屏蔽板或卡箍。

编码器和编码器电缆属于最敏感的设备部件，信号被干扰时，会出现编码器故障或偶尔发生的驱动故障。电缆屏蔽为满足 EMC 要求，编码器电缆必须屏蔽、去皮并将屏蔽层接地。

一般要求 PROFINET 电缆、编码器电缆和功率动力电缆之间的最小间距为 20 cm。插头接口可实现 PROFINET 通信设备间的屏蔽连接。如果通信设备并未安装到金属的装配板上，必须另外布入一条 4 mm^2 的等电位连接导线与保护等电位连接。

4. 进线滤波器

安装进线滤波器可以将 SINAMICS V90 发射出的传导干扰进行限制。进线滤波器应尽量靠近控制柜的电缆入口，使用大面积的金属底板安装，尽量靠近驱动，通向滤波器的电缆和从滤波器接出的电缆原则上应分开布线。每个驱动器只能连接与之匹配的进线滤波器，不允许多个驱动器共用一个进线滤波器。

5. 驱动器 24 V 供电设计

SINAMICS V90 驱动器不能够与类似继电器或电磁阀这样的电感性负载共用一个 24 V 直流电源，电磁阀类型的负载通断时会导致 24 V 电源波动及干扰，从而使驱动器工作异常。

SINAMICS V90 驱动器需要一个 24 V 直流电源，并且这个电源同时也可以为其他的控制器供电，如 PLC 设备等。

5.1.6　SINAMICS V90 伺服驱动器的接口及连线

SINAMICS V90 PN 伺服驱动器内置数字量输入 / 输出接口和 PROFINET 通信端口，可以连接西门子控制器 S7-1200 或 S7-1500 等 PLC 控制器，如图 5-10 所示。

笔记

笔记

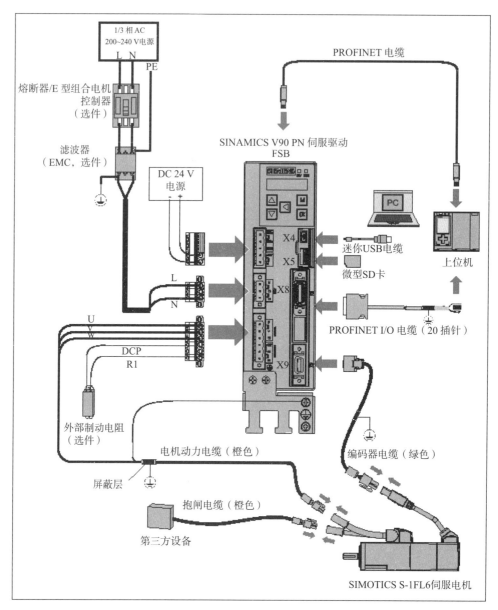

图 5-10　SINAMICS V90 PN 伺服系统单相输入连接图

1. 主电源 L1、L2、L3

SINAMICS V90 PN 伺服驱动器 200 V 和 400 V 系列都配置了三相电源进线端子 L1、L2 和 L3。对于 200 V 系列伺服驱动器，当在单相电网中使用 FSA、FSB 和 FSC 时，可将电源连接至 L1、L2 和 L3 中的任意两个连接端子上。图 5-10 中单相电源通过断路器隔离和保护驱动器供电线路，输入电源滤波器保护伺服系统免受高频噪声干扰，使用滤波器可以使得驱动器的传导性发射和辐射性发射符合 EN 55011 标准并达到 A 类要求。

2. 电动机 U、V、W

U、V、W 输出端子连接伺服电机动力电缆，严格按照电机相序连接。伺服电机编码器电缆连接伺服驱动器编码器接口，有抱闸功能的电机连接抱闸电路。

3. 24 V 电源和 STO

SINAMICS V90 驱动器需要一个 24 V 直流电源，为伺服驱动器提供 24 V/1.6 A 的工作环境。安全转矩关闭（STO）功能可以和设备功能一起工作，在故障情况下安全封锁电机的扭矩输出。选择此功能后，驱动器便处于"安全状态"。"接通禁止"功能将驱动器锁住阻止其重新启动。STO1、STO+ 和 STO2 在出厂时是默认短接的。当需要使用 STO 功能时，连接 STO 接口前必须拔下接口上的短接片。

4. 外部制动电阻 DCP、R1

SINAMICS V90 PN 伺服驱动器配有内部制动电阻，以吸收电机的再生能量。当内部制动电阻不能满足制动要求时，可以连接外部制动电阻。如果同时出现报警 A52901 和 A5000，需要将内部制动电阻转换为外部制动电阻。连接外部制动电阻到 DCP 和 R1 端子前，必须先断开 DCP 和 R2 端子之间的连接，否则驱动器可能会损坏。

5. 控制 / 状态接口 X8

SINAMICS V90 PN 伺服驱动器配置有控制 / 状态接口 X8，类型为 20 针 MDR 插座，是数字量输入 / 输出接口，如表 5-1 所示。

表 5-1　SINAMICS V90 PN 伺服驱动器控制 / 状态接口引脚

引脚	信号	说明
1	DI1	数字量输入 1
2	DI2	数字量输入 2
3	DI3	数字量输入 3
4	DI4	数字量输入 4
6	DI_COM	数字量输入信号公共端
7	DI_COM	数字量输入信号公共端
11	DO1+	数字量输出 1，正向
12	DO1−	数字量输出 1，负向
13	DO2+	数字量输出 2，正向
14	DO2−	数字量输出 2，负向
17	BK+	电机抱闸控制信号，正向（仅用于 200 V 系列）
18	BK−	电机抱闸控制信号，负向
其他引脚	—	保留

笔记

笔记

（1）伺服驱动器的数字量输入（DI）。SINAMICS V90 PN 伺服驱动器可使用七个内部数字量输入信号，这些信号的功能如表 5-2 所示。

表 5-2　SINAMICS V90 PN 伺服驱动器数字量输入信号功能表

信号名称	信号类型	说明
RESET	上升沿	复位报警。 0→1：复位报警
TLIM	电平	选择扭矩限制。共两个内部扭矩限制源可通过数字量输入信号 TLIM 选择。 0：内部扭矩限制 1； 1：内部扭矩限制 2
SLIM	电平	选择速度限制。共两个内部速度限制源可通过数字量输入信号 SLIM 选择。 0：内部速度限制 1； 1：内部速度限制； 2：快速停止
EMGS	电平	0：快速停止； 1：伺服驱动器准备就绪
REF	上升沿	通过数字量输入或参考点挡块输入设置回参考点方式下的零点。 0→1：参考点输入
CWL	下降沿	顺时针超行程限制（正限位）。 1：运行条件； 1→0：快速停止（OFF3）
CCWL	下降沿	逆时针超行程限制（负限位）。 1：运行条件； 1→0：快速停止（OFF3）

数字量输入支持 NPN 和 PNP 两种接线方式，如图 5-11 所示。

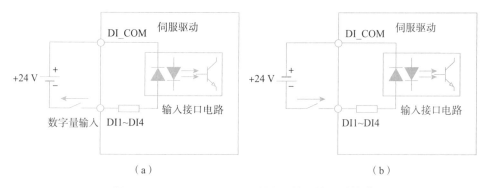

（a）　　　　　　　　　　　　　（b）

图 5-11　SINAMICS V90 数字量输入的两种接法
（a）NPN 接线；（b）PNP 接线

（2）伺服驱动器的数字量输出。SINAMICS V90 PN 伺服驱动器最多可分配 10 个内部数字量输出信号，如表 5-3 所示。

表 5-3　SINAMICS V90 PN 伺服驱动器数字量输出信号表

信号名称	说明
RDY	伺服准备就绪。 1：驱动已就绪； 0：驱动未就绪（存在故障或使能信号丢失）
FAULT	故障。 1：处于故障状态； 0：无故障
ZSP	零速检测。 1：电机速度≤零速（可通过参数 p2161 设置零速）； 0：电机速度＞零速＋磁滞（10 rpm）
TLP	达到扭矩限制。 1：产生的扭矩几乎（内部磁滞）达到正向扭矩限制、负向扭矩限制的扭矩值； 0：产生的扭矩尚未达到任何限制
MBR	电机抱闸。 1：电机抱闸关闭； 0：电机停机抱闸打开。 说明：MBR 仅为状态信号，因为电机停机抱闸的控制与供电均通过特定的端子实现
OLL	达到过载水平。 1：电机已达到设定的输出过载水平（p29080 以额定扭矩的"%"表示；默认值：100%；最大值：300%）； 0：电机尚未达到过载水平
RDY_ON	准备伺服开启就绪。 1：驱动准备伺服开启就绪； 0：驱动准备伺服开启未就绪（存在故障，主电源无供电或 STW1.1 和 STW1.2 未被置为 1）。 说明：当驱动处于"伺服开启"状态后，该信号会一直保持为高电平"1"状态除非出现上述异常情况
INP	位置到达信号。 1：剩余脉冲数在预设的就位取值范围内（参数 p2544）； 0：剩余脉冲数超出预设的位置到达范围
REFOK	回参考点。 1：已回参考点； 0：未回参考点

笔记

笔记

续表

信号名称	说明
STO_EP	STO 激活。 1：使能信号丢失，表示 STO 功能激活； 0：使能信号可用，表示 STO 功能无效。 说明：STO_EP 仅用作 STO 输入端子的状态指示信号，而并非 Safety Integrated 功能的安全 DO 信号

6. 编码器接口 X9

驱动器接口 X9 连接伺服电机的编码器。SINAMICS V90 PN 200 V 系列伺服驱动器支持三种编码器：

（1）增量式编码器，TTL，2500 PPR。

（2）绝对值编码器，单圈 21 位。

（3）绝对值编码器，20 位 +12 位多圈。

SINAMICS V90 PN 400 V 系列伺服驱动器支持两种编码器：

（1）增量式编码器，TTL，2500 PPR。

（2）绝对值编码器，20 位 +12 位多圈。

7. 电机抱闸

电机抱闸主要用于在伺服系统未激活时，停止运动负载因惯性等引起的非预期运动。伺服电机在断电后可能因为其自身重量或者受到外力而发生意外移动。抱闸仅用于保持负载的静止状态，不得用于对运动中的负载进行制动，只能对已停止的电机使用抱闸。抱闸在电机断电的同时即激活。SINAMICS V90 驱动带抱闸版本的伺服电机中内置了抱闸。

对于 400 V 系列伺服驱动器，电机抱闸接口（X7）集成在前面板，与带抱闸的伺服机连接即可使用电机抱闸功能。对于 200 V 系列伺服驱动器，没有集成单独的抱闸接口，为使用抱闸功能，需要通过控制 / 状态接口（X8）将驱动连接至第三方设备。

SINAMICS V90 伺服驱动器抱闸电路一共有三种控制方式。第一种是通过开关电源的 24 V，直接给刹车线圈供电；第二种是通过伺服驱动器 IO 的控制信号来控制继电器，再通过触点控制刹车；第三种是通过 PLC 控制线圈，再通过触点控制刹车。如图 5-12 所示，伺服驱动器输出电机抱闸信号控制抱闸工作时，驱动继电器线圈，继电器触点闭合，伺服电机抱闸电路接通 24 V 松开。

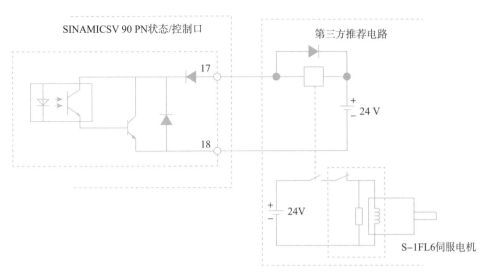

图 5-12　SINAMICS V90 伺服驱动器抱闸驱动示例

5.1.7　伺服驱动器的基本操作面板

SINAMICS V90 PN 伺服驱动器正面设有基本操作面板（BOP），如图 5-13 所示。BOP 由 LED 状态指示灯、6 位 7 段显示屏和功能按键三个部分组成。在 BOP 上可以实现独立调试、驱动器诊断、参数查看、参数设置、微型 SD 卡 / 标准 SD 卡操作和驱动重启等功能。

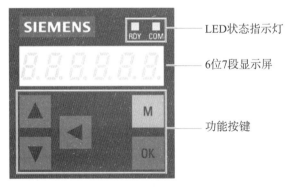

图 5-13　SINAMICS V90 PN 基本操作面板

1.LED 状态指示灯

SINAMICS V90 PN 伺服驱动器上的两个 LED 状态指示灯（RDY 和 COM），用来显示驱动状态。两个 LED 灯都为三色（绿色 / 红色 / 黄色），通过灯的颜色及状态显示驱动器当前工作情况，LED 状态指示灯含义如表 5-4 所示。

笔记

表 5-4　LED 状态指示灯含义明细表

LED 灯	颜色	状态	说明
RDY	—	灭	控制板无 24 V 直流输入
	绿色	常亮	驱动处于"伺服开启"状态
	红色	常亮	驱动处于"伺服关闭"状态或启动状态
		以 1 Hz 频率闪烁	存在报警或故障
COM	绿色和黄色	以 2 Hz 频率交替闪烁	驱动识别
	绿色	常亮	PROFINET 通信工作在 IRT 状态
		以 0.5 Hz 频率闪烁	PROFINET 通信工作在 RT 状态
		以 2 Hz 频率闪烁	微型 SD 卡 / 标准 SD 卡正在工作（读取或写入）
	红色	常亮	通信故障（优先考虑 PROFINET 通信故障）

2. 显示屏

伺服驱动器显示屏采用 6 位 7 段数码显示，能够显示变频器的运行状态参数，浏览设置参数，报警故障信息等内容。

3. 控制按键

伺服驱动器的控制按键具有简洁、功能多的特点，有独立按键和组合按键操作，按键名称及功能如表 5-5 所示。

表 5-5　SINAMICS V90 伺服驱动器按键功能表

按键	名称	功能
M	M 键	退出当前菜单； 在主菜单中进行操作模式的切换
OK	OK 键	短按： 确认选择或输入； 进入子菜单； 清除报警 长按： 激活辅助功能； JOG 设置； 保存驱动中的参数集（RAM 至 ROM）； 恢复参数集的出厂设置； 传输数据（驱动至微型 SD 卡 / 标准 SD 卡）； 传输数据（微型 SD 卡 / 标准 SD 卡至驱动）； 更新固件

续表

按键	名称	功能
▲	向上键	翻至下一菜单项； 增加参数值； 顺时针方向 JOG
▼	向下键	翻至上一菜单项； 减小参数值； 逆时针方向 JOG
◀	移位键	将光标从位移动到位进行独立的位编辑，包括正向/负向标记的位，"_"表示正，"-"表示负
M + OK	M 和 OK 组合	长按组合键四秒重启驱动
▲ + ◀	移位和向上组合	当右上角显示 ⌐ 时，向左移动当前显示页，如 *OOOOO⌐*
▼ + ◀	移位和向下组合	当右下角显示 ⌐ 时，向右移动当前显示页，如 *OO IO⌐*

技能训练

SINAMICS V90 驱动器 JOG 模式下运行调试

1. 训练目的

（1）了解伺服系统的构成。

（2）了解伺服电机结构和工作原理。

（3）了解编码器结构和原理。

（4）认识驱动器 BOP 结构。

（5）掌握驱动器接口功能。

（6）能够完成驱动器的硬件连接。

（7）能够完成驱动器的 JOG 模式调试。

2. 训练任务

认识 SINAMICS V90 驱动器接口，连接驱动器和伺服电机，使用 BOP 在 JOG 模式下调试运行电机。

3. 训练准备

SINAMICS V90 驱动器调试需要的主要硬件如表 5-6 所示。

笔记

表 5-6　SINAMICS V90 驱动器调试硬件明细

序号	名称	说明
1	SINAMICS V90 PN	6SL3120-5FB10-1UF0（230 V/0.1 kW/1.4 A）
2	1FL6 电机	1FL6025-2 AF21-1 AA1（增量编码器）

4. 电路连接

按照图 5-14 所示，连接 V90 PN 主电路，连接 +24 V 电源供电电路，检查伺服驱动器与伺服电机之间的电缆（电机动力电缆、编码器电路、抱闸电缆）是否已正确连接。

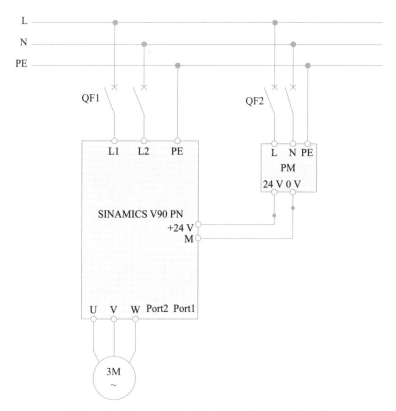

图 5-14　SINAMICS V90 驱动器调试接线示意图

5. 调试步骤

（1）闭合 QF2，驱动器接通 DC 24 V 工作电源。

（2）检查伺服电机类型。如果伺服电机带有增量式编码器，输入电机 ID（p29000），参见电机铭牌。

（3）检查电机旋转方向设置，默认运行方向为 CW（顺时针）。

（4）检查 JOG 速度设置，默认 JOG 速度为 100 rpm。可通过设置参数 p1058

更改显示。

（5）通过 BOP 保存参数。

（6）闭合 QF1 接通驱动器主电源。

（7）清除故障和报警。

（8）使用 BOP 进入 JOG 菜单功能，按向上或向下键运行伺服电机，观察电机运行方向和速度。

6. 考核与评价

SINAMICS V90 驱动器 JOG 模式下运行调试考核评价如表 5-7 所示。

表 5-7　SINAMICS V90 驱动器 JOG 模式下运行调试评价表

任务			
序号	评价内容	权重 /%	评分
1	正确连接 SINAMICS V90 PN 供电电路（单相 AC 及 24 V DC）	15	
2	正确连接伺服电机	10	
3	认知面板各部分名称及功能	10	
4	能够清除报警信息	15	
5	能够设置 JOG 功能转速，调整 JOG 转速及方向	15	
6	会保存设置参数	15	
7	合理施工，操作规范，在规定时间完成任务	10	
8	无旷课、迟到现象，团队意识强（工具保管、使用、收回情况，设备摆放情况，场地整理情况）	10	
总得分			
日期	学生	教师	

问题与思考

1. 伺服系统主要组成部分为控制器、_____、_____和位置检测反馈元件。

2. 伺服驱动器主要有 3 种控制模式，分别是_____控制模式、_____控制模式和_____控制模式。

3. 交流伺服电机主要由_____、_____、_____、前后端盖及轴承构成。

4. 编码器按码盘的刻孔方式不同分为_____和_____两种。

5. 编码器按信号的输出类型分为电压输出、_____输出、推拉互补输出和差分驱动输出。

6. 增量式旋转编码器可输出_____、_____和_____信号。

7. 编码器的分辨率 PPR 表示的是_____。

8. SINAMICS V90 伺服驱动器根据不同的应用分为_____和_____两个版本。

9. SINAMICS V90 驱动器配套使用的 1FL6 系列伺服电机分为_____和_____两种类型。

10. SINAMICS V90 对于具有抱闸功能的伺服电机，电机运行时需要接通_____直流电松开抱闸。

11. SINAMICS V90 PN 伺服驱动器 BOP 由_____、_____和_____三个部分组成。

12. SINAMICS V90 PN 伺服驱动器上的两个 LED 状态指示灯用来显示驱动状态，具有三色_____、_____和_____。

13. SINAMICS V90 PN 伺服驱动器具有_____个内部可使用的数字量输入信号。

14. SINAMICS V90 PN 200 V 系列伺服驱动器支持的增量式编码器分辨率是_____PPR。

任务 5.2 SINAMICS V90 PN 速度模式的调试与运行

任务引入

SINAMICS V90 PN 的速度控制是 SINAMICS V90 PN 伺服驱动器本身具有的一种控制模式。可以独立运行，也可以与 PLC 等构成控制系统。

本任务的学习目标是，了解 SINAMICS V90 PN 控制器的基本构成，熟悉 PROFIdrive 通信，掌握驱动器的配置方法，熟悉 SINAMICS V90 PN 速度控制方法，会使用 PLC 实现 SINAMICS V90 PN 的速度控制。

5.2.1 控制器概述

1. 伺服驱动控制环

SINAMICS V90 PN 伺服驱动器由三个控制环组成：电流环、速度环和位置环,三个控制环之间的关系如图 5-15 所示。

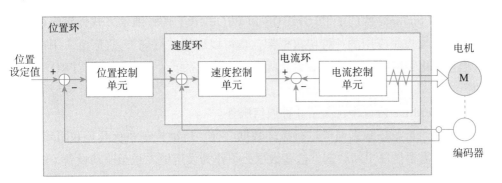

图 5-15　SINAMICS V90 PN 伺服驱动器的控制环

伺服驱动器的电流控制单元在内环,直接驱动电机,有着较好的频宽,使驱动器只需要调整速度环和位置环的增益,就能够得到好的控制效果。位置环增益直接影响位置环的响应等级。如机械系统未振动或产生噪声,可增加位置环增益以提高响应等级并缩短定位时间,通过参数 P29110 来设置位置环增益。速度环可以设置速度环增益和速度环积分增益。通过将积分分量加入速度环,伺服驱动器可高效消除速度的稳态误差并响应速度的微小更改。一般情况下,如机械系统未振动或产生噪声,可增加速度环积分增益从而增加系统刚性。如负载惯量比很高或机械系统有谐振系数,必须保证速度环积分时间常数够大,否则,机械系统可能产生谐振,通过参数 P29121 设置速度环积分时间。

2. PROFINET IO

PROFINET IO 是一种基于以太网的实时协议。在工业自动化应用中作为高级网络使用。PROFINET IO 专注于可编程控制器的数据交换。一个完整的 PROFINET IO 网络包括以下设备。

(1) IO 控制器:典型的是 PLC,用于控制整个系统。

(2) IO 设备:一个分散式 IO 设备(例如,编码器、传感器),通过 IO 控制器控制。

(3) IO 检测器:HMI(人机接口)或个人计算机,用于诊断或调试。

PROFINET 提供两种实时通信,PROFINET IO RT(实时)和 PROFINET IO IRT(等时实时)。实时通道用于 IO 数据和报警的传输。

在 PROFINET IO RT 通道中,数据是通过一个优先的以太网帧进行传输的。没有特殊的硬件要求。基于该优先级别,通信循环周期可达到 4 ms。PROFINET IO IRT 通道适用于传输具有更加精确时间要求的数据,其循环周期可达 2 ms,但需要具有特殊硬件的 IO 设备和开关的支持。

所有的诊断和配置数据通过非实时(NRT)通道进行传输。使用 TCP/IP 协议。因而,没有可确定的循环周期,其循环周期可能超过 100 ms。

笔记

3.PROFIdrive 通信方式

PROFIdrive 是西门子 PROFIBUS 和 PROFINET 两种通信方式针对驱动的生产与自动化控制应用的一种协议框架，也可以称作"行规"，它广泛应用在生产过程自动化领域。PROFIdrive 不受所使用的总线系统（PROFIBUS，PROFINET）的影响。

PROFIdrive 协议中定义了 4 种通信服务。

（1）通过循环数据通道进行循环数据交换。运动控制系统开环和闭环控制，在运行中需要循环更新数据，这些数据必须作为设定值发送至驱动设备，或作为驱动设备实际值传输。通常，对此类数据传输有苛刻的时间要求。

（2）通过非循环通道进行非循环数据传输。使用非循环参数通道进行控制系统或监视器和驱动设备之间的数据交换。对此类数据的存取无苛刻的时间要求。

（3）报警通道。报警以事件控制的方式输出，并会显示故障状态的出现和消除。

（4）非周期同步运行。

5.2.2 循环通信

循环通信可以交换时间要求苛刻的过程数据（如设定值和实际值）。过程数据循环传输，即在每个总线周期中传输。根据所使用的总线系统，可执行同步或非同步数据传输，注重传输时间。

SIMAT1C S7 控制器向 SINAMICS 发送控制值和设定值，并从 S1NAMICS 接收状态字和实际值。若用于 SINAMICS 驱动中，则通过与 PROFIdrive 协议或厂商专用报文相一致的标准报文来设置报文格式。

根据报文类型，设定值或实际值的数量或所传输的扩展控制或状态字的数量会有所不同。机器运行时，报文的长度及 SINAMICS 驱动中的链接均固定，且不能更改。

（1）在 SIMATIC S7 控制端，提供过程数据作为外围输入字或输出字。

（2）在 SINAMICS 驱动中，参数赋值规定使用哪一个控制字位以及向 SIMATIC S7 控制器发送哪些数据。

（3）SIMATIC S7 控制器可使用多种标准功能 / 程序块，以执行数据交换。

1. 报文和过程数据

配置驱动设备（控制单元）时，需要传输的过程数据（PZD）也会被定义。可在调试软件 V-ASSISTANT 窗口中查看或修改待传输的报文。

从驱动设备的角度看，接收到的过程数据是接收字，发送的过程数据是发送字。

PZD——过程数据部分，包括控制字、设定值、状态字和实际值。

PKW——参数部分参数识别值，用于读、写参数值。

2.PROFIdrive 报文

PROFIdrive 报文主要包括标准报文、制造商专用的报文和自由报文三种形式。标准报文根据 PROFIdrive 协议构建，过程数据的驱动器内部互联根据设置的报文编号在软件中自动进行。制造商专用报文根据公司内部定义创建。自由报文接收和发送数据可通过 BICO 技术自由互联。

3. 报文结构说明

报文结构中一个 PZD 相当于一个字。字或双字的实际值作为基准值插入在报文中。其中，p2000 是非常重要的一个基准值，如果输入值等于 p2000 的值，那么报文内容等于 4000 hex 或 4000 0000 hex（双字），如图 5-16 所示。

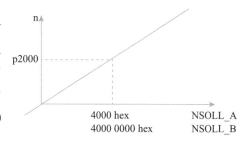

图 5-16　参数 P2000 对应数字量范围

4. 用于速度控制模式的报文

能够用于 SINAMICS 系列驱动器速度控制的报文如表 5-8 所示。

表 5-8　SINAMICS V90PN 速度控制报文

报文	1		2		3		5		102		105	
PZD1	STW1	ZSW1	STW1	ZSW1	STW1	ZSW1	STW1	ZSW1	STW1	ZSW1	STW1	ZSW1
PZD2	NSOLL_A	NIST_A	NSOLL_B	NIST_B	NSOLL_B	NIST_B	NSOLL_B	NIST_B	NSOLL_B	NIST_B	NSOLL_B	NIST_B
PZD3												
PZD4			STW2	ZSW2	STW2	ZSW2	STW2	ZSW2	STW2	ZSW2	STW2	ZSW2
PZD5					G1_STW	G1_ZSW	G1_STW	G1_ZSW	MOMRED	MELDW	MOMRED	MELDW
PZD6					G1_XIST1	XERR	G1_XIST1		G1_STW	G1_ZSW	G1_STW	G1_ZSW
PZD7									G1_XIST1	XERR	XERR	G1_XIST1
PZD8					G1_XIST1	KPC	G1_XIST2					
PZD9									G1_XIST1	KPC	G1_XIST2	
PZD10												

相对驱动器来说，PZD 含义如表 5-9 所示。

表 5-9　报文 PZD 含义

PZD 信号	说明	数据类型	标定
接受字			
STW1	控制字 1	U16	
STW2	控制字 2	U16	
NSOLL_A	转速设定值 A（16 位）	I16	4000 hex=p2000（0-4000H）
NSOLL_B	转速设定值 B（32 位）	I32	40000000 hex=p2000（0-4000H）
G1_STW	编码器 1 控制字	U16	
MOMRED	扭矩减速	I16	4000 hex=p2003（0-4000H）
KPC	位置控制器增益因子	I32	
XERR	位置偏移	I32	
接受字			
ZSW1	状态字 1	U16	
ZSW2	状态字 2	U16	
NIST_A	转速实际值 A（16 位）	I16	4000 hex=p2000（0-4000H）
NIST_B	转速实际值 B（32 位）	I32	40000000 hex=p2000（0-4000H）
G1_ZSW	编码器 1 状态字	U16	
G1_XIST1	编码器 1 实际位置 1	U32	
G1_XIST2	编码器 1 实际位置 2	U32	

5. SINAMICS V90 PN 支持报文

SINAMICS V90 PN 在速度控制模式和基本定位器控制模式下支持标准报文和西门子报文。从 SINAMICS V90 PN 伺服驱动器的角度看，接收到的过程数据是接收字，待发送的过程数据是发送字，参数 P0922 用来选择报文，其支持报文如表 5-10 所示。

表 5-10　SINAMICS V90 PN 支持报文

报文	接收字数目	发送字数目	说明
标准报文 1	2	2	P0922=1 速度控制
标准报文 2	4	4	P0922=2 速度控制

续表

报文	接收字数目	发送字数目	说明
标准报文 3	5	9	P0922=3 速度 / 位置控制（1200 配置 TO 时使用）
标准报文 5	9	9	P0922=5 速度 / 位置控制（1500 配置 TO 时使用）
标准报文 7	2	2	P0922=7
标准报文 9	10	5	P0922=9
西门子报文 102	6	10	P0922=102
西门子报文 105	10	10	P0922=105 速度 / 位置控制（1500 配置 TO 时使用）
西门子报文 110	12	7	P0922=110
西门子报文 111	12	12	P0922=111 1200/1500 通过 FB284 控制 V90 EPOS 定位
西门子报文 750	3	1	P8864=750（辅助报文）

TIA Portal（博途）的设备驱动有 GSD 和 HSP 两种形式，不仅能够支持西门子设备，还能兼容第三方设备。

（1）GSD 文件报文。PLC 通过安装 V90 GSD 方式控制 V90 时，可选报文 1、2、3、7、9、102、110、111，但无法选择 5 号及 105 号报文，无法使用 5 号和 105 号报文通过 DSC 控制驱动器实现高动态性能控制，可通过报文 102 中的 MOMRED（转矩降低）来调节工作在速度控制模式下的 V90 PN 的转矩限幅。

（2）HSP 文件报文。通过在博途中安装 HSP，PLC 控制 V90 PN 可以选择的报文有 1、2、3、5、102、105。仅在 V90 PN 连接至 SIMATIC S7-1500（T），且 TIA Portal 版本为 V14 及以上时，报文 5 和报文 105 才可用，并且在配置过程当中需要激活等时同步模式，通过报文 5 和报文 105 配置速度轴或位置轴，实现高动态性能控制。

5.2.3　SINA_SPEED（FB285）程序块功能

S7-1200 系列 PLC 可以通过 PROFINET 与 SINAMICS V90 PN 伺服驱动器搭配进行速度控制，PLC 进行启停和速度给定，速度控制计算在驱动器中，实现的方法主要有以下两种。

方法一：PLC 通过 FB285 程序块，SINAMICS V90 使用 1 号标准报文，进

笔记

笔记

行速度控制。

方法二：不使用任何专用程序块，利用报文的控制字和状态字通过编程进行控制，SINAMICS V90 使用 1 号标准报文，使用这种方式需要对报文结构比较熟悉。

为了支持 PLC SINA_SPEED（FB285）程序块编程，需要安装 Startdrive 软件或安装 SINAMICS Blocks DriveLib 驱动库文件。TIA Portal V16 版本也可以在指令→选件包→ SINAMICS 下调用类似功能的程序块。

1.FB285 程序块的调用

在 OB1 中将 DriveLib_S7_1200_1500 中的 SINA_SPEED（FB285）程序块拖拽到编程网络中，如图 5-17 所示。

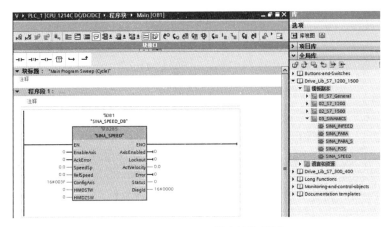

图 5-17　FB285　程序块的调用

2.SINA_SPEED 程序块参数

SINA_SPEED 程序块输入 / 输出参数功能配置如表 5-11 所示。

表 5-11　SINA_SPEED 程序块输入 / 输出参数功能表

信号	数据类型	功能
输入		
EnableAxis	BOOL	=1，驱动使能
AckError	BOOL	驱动故障应答
SpeedSp	REAL	转速设定值
RefSpeed	REAL	驱动的参考转速，对应于驱动器中的 p2000 参数
ConfigAxis	WORD	默认设置为 16#003F
HWIDSTW	HW_IO	V90 设备视图中报文 1 的硬件标识符
HWIDZSW	HW_IO	V90 设备视图中报文 1 的硬件标识符

续表

信号	数据类型	功能
		输出
AxisEnabled	BOOL	驱动已使能
LockOut	BOOL	驱动处于禁止接通状态
ActVelocity	REAL	实际速度
Error	BOOL	=1，存在错误
Status	INT	16#7002：没错误，程序块正在执行；16#8401：驱动错误；16#8402：驱动禁止启动；16#8600：DPRD_DAT 错误；16#8601：DPWR_DAT 错误
DiagID	WORD	通信错误，在执行 SFB 调用时发生错误

笔记

管脚 HWIDSTW 及 HWIDZSW 的赋值在 SINAMICS V90 PN 的"设备视图→属性→系统常数"中查看，如图 5-18 所示。

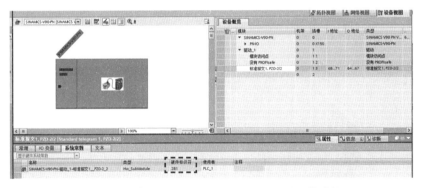

图 5-18　查看 HWIDSTW 及 HWIDZSW 的赋值

输入参数 ConfigAxis 配置如表 5-12 所示，默认值是 16#003F。

表 5-12　输入参数 ConfigAxis 配置表

位	默认值	含义
位 0	1	OFF2
位 1	1	OFF3
位 2	1	驱动器使能
位 3	1	使能 / 禁止斜坡函数发生器使能
位 4	1	继续 / 冻结斜坡函数发生器使能
位 5	1	转速设定值使能

笔记

位	默认值	含义
位 6	0	速度设定值反向
位 7	0	打开抱闸
位 8	0	电动电位计升速
位 9	0	电动电位计降速

5.2.4　使用报文的控制字和状态字实现速度控制

SINAMICS V90 PN 的速度控制，也可以不使用任何专用程序块，而使用标准报文 1，直接给定速度，利用报文的控制字和状态字通过对报文的输入 / 输出端口编程实现。

1. 报文端口确认

报文端口可以通过 SINAMICS V90 PN 的"设备视图→设备概览"的 I 地址或 Q 地址确认，如图 5-19 所示。对于驱动器来说，I 地址是接收 PLC 的控制字，Q 地址是发送给 PLC 的状态字。

图 5-19　查看报文端口地址

2. 常用控制字

使用标准报文 1，通过端口发送常用的控制字如下。

（1）16#047E：停止。

（2）16#047F：启动。

（3）16#0C7F：反转。

（4）16#04FE：复位。

3. 程序编写

在程序中调用 MOVE 指令，实现对端口的发送和接收操作，通过对输出的第一个控制字进行驱动器的启动和停止控制，第二个控制字可以指定电机运行的速度。

（1）发送控制字。控制字存放在 MW60 中，通过 PLC 的端口 QW64 发送到 V90 PN 驱动器。第二个 MOVE 指令向 V90 PN 驱动器发送电机运行的速度设定值（十六进制 16#4000，即十进制的 16384 对应 P2000 速度参数值），速度设定值存放在 MW62 中，通过 PLC 端口 QW66 发送，如图 5-20 所示。

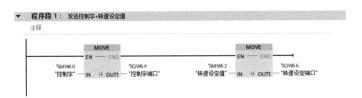

图 5-20　发送控制字

（2）状态字接收。第一个 MOVE 指令，接收 V90 PN 驱动器的状态字，存放在 MW66 中，第二个 MOVE 指令，读取驱动器实际转速，存放在 MW68 中，如图 5-21 所示。

图 5-21　状态字接收

技能训练

使用 SINA_Speed（FB285）程序块实现伺服的速度控制

1. 训练目的

（1）了解 SINAMICS V90 PN 伺服驱动器速度控制方法。

（2）掌握利用 V-ASSISTANT 软件设置 V90 PN 的方法。

（3）能够在 TIA Portal 中组态 V90 PN 伺服驱动器。

（4）能够编写程序，使用 FB285 程序块控制 V90 PN 伺服驱动。

2. 训练任务

使用 SINA_Speed（FB285）程序块编写 PLC 程序，设定电机转速，实现传送带电机启动、停止的控制和转速的调节，完成在线调试。

3. 训练准备

训练需要的主要硬件和软件如表 5-13 所示。

笔记

表 5-13　使用 SINA_Speed（FB285）程序块调试需要的软硬件

序号	名称	说明
硬件		
1	CPU 1214C	DC/DC/DC V4.2
2	SINAMICS V90 PN	6SL3120-5FB10-1UF0（230 V/0.1 kW/1.4 A）
3	1FL6 电机	1FL6025-2 AF21-1 AA1（增量编码器）
软件		
4	TIA Portal	V16
5	SINAMICS V-SSISTANT	V1.07.00

4. 电路连接

按照图 5-22 所示，连接 V90 PN 主电路，连接 +24 V 电源供电电路。用 RJ45 网线连接计算机、S7-1200 PLC 和 V90 PN 伺服驱动器网络，或将三者接入交换机。检查线路无误，闭合 QF1 和 QF2，伺服驱动器和 PLC 上电。

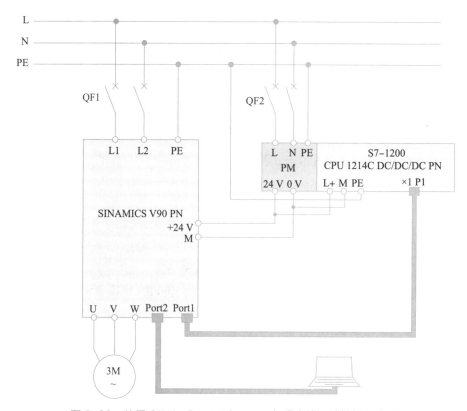

图 5-22　使用 SINA_Speed（FB285）程序块调试接线示意图

5.V-ASSISTANT 设置

SINAMICS V-ASSISTANT 软件工具用于调试和诊断带有 PROFINET 接口的 SINAMICS V90 驱动和带有脉冲、USS/Modbus 接口的 SINAMICS V90 驱动。软件可运行在 Windows 操作系统的个人计算机上，利用图形用户界面与用户交互，并能通过 USB 电缆与 SINAMICS V90 通信，还可用于修改 SINAMICS V90 驱动的参数并监控其状态。配置之前确保计算机通过 USB 电缆已正确连接 V90 PN 伺服驱动器。

（1）选择驱动。伺服驱动器通过 USB 电缆连接到 PC，建立 SINAMICS V-ASSISTANT 与目标驱动器的通信连接。

①选择在线模式后，软件自动检测所连接驱动器，显示所有已连接驱动的列表。选择目标驱动并单击"确定"按钮。SINAMICS V-ASSISTANT 自动创建新工程来保存目标驱动的所有参数设置并进入主窗口，如图 5-23 所示。

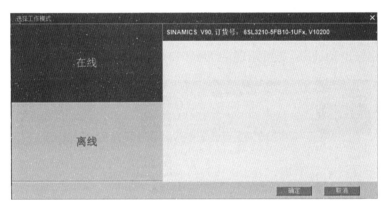

图 5-23　选择工作模式界面

②选择控制模式。选择驱动→控制模式，选择"速度控制（S）"选项，如图 5-24 所示。

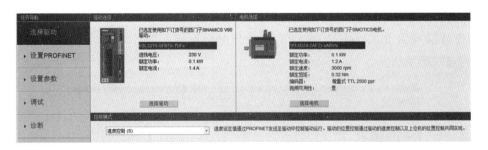

图 5-24　选择驱动界面

（2）设置 PROFINET。

①选择标准报文 1。设置 PROFINET →选择报文，选择"1：标准报文 1，PZD-2/2"选项，可以看到报文的 PZD 具体说明，如图 5-25 所示。

笔记

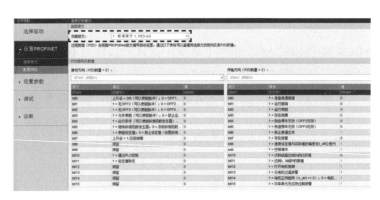

图 5-25　选择标准报文 1

②设置设备名称和 IP 地址。设置 PROFINET →配置网络，配置设备名称为
"v90-pn"，IP 地址为"192.168.0.5"，如图 5-26 所示。

在线模式下，所连驱动的 IP 地址会自动显示在区域②。可在区域①定义 PN
名称，名称仅允许由数字（0 至 9）、英文小写字母（a 至 z）及字符（- 及 .）组成。

在区域②中修改 IP 地址。单击区域③中的"保存并激活"按钮。重启驱动，所
设 PN 名称与 IP 地址即生效并出现在区域④和⑤中，如图 5-26 所示。

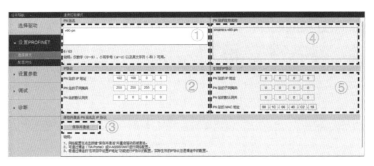

图 5-26　设置设备名称和 IP 地址

（3）斜坡功能参数设置。可在区域①基本斜坡函数发生器中输入斜坡上升
时间和斜坡下降时间。在区域②处，选择"生效"选项，激活斜坡功能模块，激
活生效前确保 SINAMICS V90 PN 驱动与电机连接正确且编码器正常工作，如
图 5-27 所示。

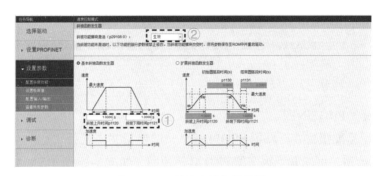

图 5-27　斜坡功能参数设置

（4）速度调试。打开"调试"任务下的"测试电机"页面，在速度控制模式下点动测试驱动器。打开伺服使能，在转速框中输入转速值，单击正转或反转图标按钮，软件自动检测驱动器工作过程，显示实际速度、实际扭矩、实际电流和实际电机利用率等参数，如图 5-28 所示。

图 5-28　速度调试界面

6.TIA Portal 硬件组态

（1）创建新项目，添加 PLC 模块 CPU 1214C。添加 SINAMICS V90 PN 模块。在窗口右侧硬件目录下，选择"其它现场设备"→"PROFINET IO"→"Drives"→"SIMENSE AG"→"SINAMICS"→"SINAMICS V90 PN V1.0"选项，如图 5-29 所示。

图 5-29　添加 SINAMICS V90 PN 模块

（2）建立网络连接，设置 PLC 及 V90 PN 的 IP 地址和设备名称。在网络视图下，鼠标单击并拖动 PLC 网口到 V90 网口，建立 PN/IE 网络连接，设置 PLC IP 地址 192.168.0.1，V90 PN 伺服 IP 地址 192.168.0.5，如图 5-30 和图 5-31 所示。

笔记

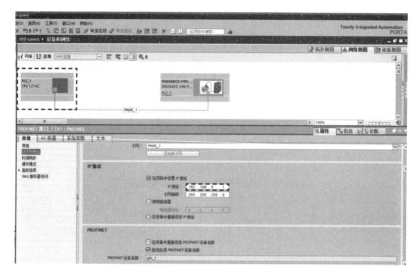

图 5-30　设置 PLC 设备名称和 IP 地址

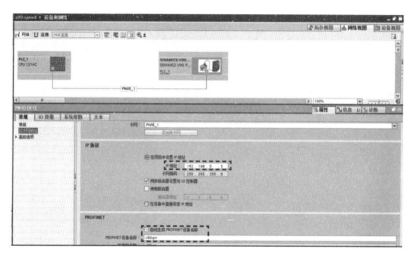

图 5-31　设置 V90 PN 设备名称和 IP 地址

（3）报文选择。在 SINAMICS V90 PN 的设备视图中选择添加控制报文为标准报文 1，如图 5-32 所示。

图 5-32　SINAMICS V90 PN 报文选择

笔记

7. 程序编写

（1）PLC 建立变量表。为调用 FB285 程序块建立变量表，如图 5-33 所示。

默认变量表

	名称	数据类型	地址	保持	从 H...	从 H...	在 H...	注释
1	轴使能	Bool	%M10.0		✔	✔	✔	
2	轴错误复位	Bool	%M10.1		✔	✔	✔	
3	轴速度设定值rpm	Real	%MD12		✔	✔	✔	
4	轴参考转速rpm	Real	%MD16		✔	✔	✔	
5	轴使能标志	Bool	%M11.0		✔	✔	✔	
6	轴实际速度	Real	%MD20		✔	✔	✔	
7	轴错位标志	Bool	%M11.2		✔	✔	✔	
8	状态字	Word	%MW30		✔	✔	✔	
9	配置轴	Word	%MW50		✔	✔	✔	
10	<新增>				✔	✔	✔	

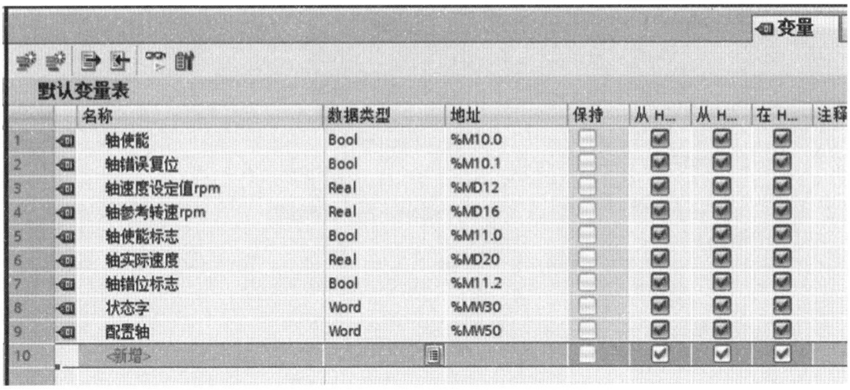

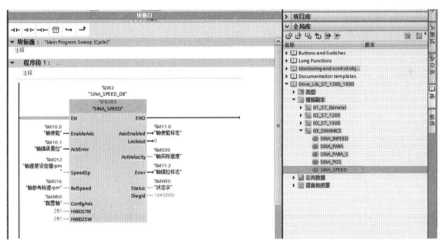

图 5-33　PLC 建立变量表

（2）编写 OB1 程序。在 OB1 中调用 FB285 程序块，为输入 / 输出参数分配变量，编写程序如图 5-34 所示。

图 5-34　OB1 中调用 FB285 程序块

8. 运行与调试

在程序窗口单击“启用监视”图标进入在线调试状态，设置电机速度变量 MD12 为 100 rpm，参考速度为 3000 rpm，MW50 配置轴为 16#003F，闭合 M10.0 使能轴，输出变量 M11.0 为 TRUE，表示轴已运行，变量 MD20 显示电机实际转速，如图 5-35 所示。

笔记

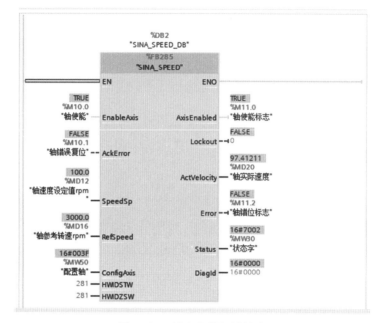

图 5-35　进入在线调试状态

改变电机转速及旋转方向，完成运行调试，同时，记录数据如表 5-14 所示。其中，1-TRUE，0-FALSE。

表 5-14　FB285 程序块功能调试数据记录表

信号	M10.0	M10.1	MD12	MD16
启动				
停止				
转速设定				
实际速度				

9. 考核与评价

使用 FB285 程序块实现 SINAMICS V90 PN 的速度控制的考核评价表如表 5-15 所示。

表 5-15　使用 FB285 程序块调试考核评价表

任务			
序号	评价内容	权重 /%	评分
1	正确连接 V90 PN 主电路，构建 PLC、V90 PN 网络	10	
2	正确设置 V-ASSISTANT 软件参数	10	

续表

任务			
序号	评价内容	权重 /%	评分
3	正确组态 PLC、V90 PN，配置设备名称和 IP 地址	15	
4	正确调用 FB285 程序块，编写 PLC 程序，编译下载	15	
5	正确在线调试 PLC 程序，控制 V90 伺服启动 / 停止	15	
6	正确在线修改 V90 伺服速度及旋转方向	15	
7	合理施工，操作规范，在规定时间完成任务	10	
8	无旷课、迟到现象，团队意识强（工具保管、使用、收回情况，设备摆放情况，场地整理情况）	10	
总得分			
日期	学生	教师	

问题与思考

1.SINAMICS V90 PN 伺服驱动器由_____、_____和_____三个控制环组成。

2.V-ASSISTANT 软件可以通过_____接口与 V90 PN 伺服驱动器连接。

3. 使用 FB285 程序块，需要把 V90 PN 配置成_____模式。

4. 使用 FB285 程序块，V90 PN 报文只能配置成_____。

5. 使用 FB285 程序块，转速设定值的单位是_____。

6.PLC 编程对端口的操作可以通过_____指令实现。

7.SINAMICS V90 PN 伺服驱动器速度控制有几种方式？

笔记

任务 5.3　SINAMICS V90 PN 位置控制的调试与运行

任务引入

SINAMICS V90 PN 驱动器与伺服电机构成闭环控制系统，实现精确的定位功能。

本任务的学习目标是，了解 SINAMICS V90 PN 驱动器位置控制的实现方法，熟悉 SINAMICS V90 PN 驱动器组态及配置方法，掌握 S7-1200PLC 运动控制控制伺服驱动器的方法，会编写 PLC 程序实现 V90 PN 的位置控制。

5.3.1　运动控制概述

1. 轴的概念

在简单的运动中，轴与机械负载直接连接，带动负载完成旋转、直线运动，在较为复杂的运动中，还可以实现多轴协调动作，如多轴速度同步、位置同步，使负载按照规定的路径运动等。轴是最常见的被控对象。对轴的控制，也就是实现对机械的运动控制。在西门子的 S7-1200/1500 系列 PLC 中，轴需要组态为工艺对象（TO），工艺对象是用户程序和真实驱动的接口，可通过 PLC Open 标准程序块控制命令操作工艺对象实现使能、停止、绝对定位、相对定位等运动控制。同时可以对工艺对象进行监控，通过工艺对象可以设置轴参数，并获得轴的运行状态。可以组态为速度轴、位置轴、同步轴和运动机构四种主要的工艺对象。

2. 位置控制实现方法

S7-1200 系列 PLC 通过 PROFINET 与 V90 伺服驱动器搭配进行位置控制，实现的方法主要有以下两种。

方法一：在 PLC 中组态位置轴工艺对象，V90 PN 使用标准报文 3，通过运动控制指令（PLC Open 标准程序块）进行控制。控制方式属于中央控制方式，位置控制在 PLC 中计算，驱动执行速度控制。

方法二：在 PLC 中使用 FB284（SINA_POS）程序块，V90 PN 伺服驱动器通过内部的基本定位控制器（Epos），使用西门子 111 报文，实现相对定位、绝对定位等位置控制，控制方式属于分布控制方式，位置控制在驱动器中计算。

5.3.2　SINAMICS V90 PN 伺服驱动安装

西门子 TIA Portal 软件支持 GSD 和 HSP 两种格式的驱动。GSD 是设备描述文件，兼容第三方设备，只有通信功能，需要通过 V-ASSISTANT 软件配置驱动器。HSP 属于西门子自己的内部文件，可以直接在硬件目录下找到，通过项目配置驱动器。

1. SINAMICS V90 PN GSD 文件安装

用户如果已经安装了 SINAMICS Startdrive Advanced 软件，就已经安装了 V90 PN 驱动，如果没有安装该软件，可以从西门子工业支持网站下载 SINAMICS V90 PROFINET GSD 文件，在 TIA Portal 项目中单击"选项"→"管理通用站描述文件（GSD）"，如图 5-36 所示。

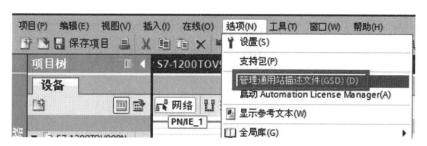

图 5-36　SINAMICS V90 PN GSD 文件安装选项

在弹出的对话框中，添加下载的 GSD 文件，单击"安装"按钮，如图 5-37 所示。

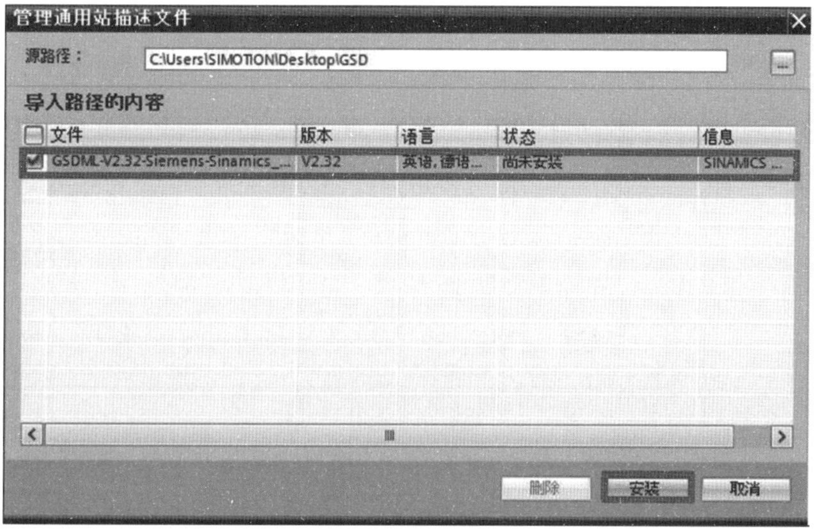

图 5-37　选中 GSD 文件安装对话框

在网络视图中添加 SINAMICS V90 PN 设备，可以在"其它现场设备 → PROFINET IO → Drives → SIEMENS AG → SINAMICS"中进行选择，如图 5-38 所示。

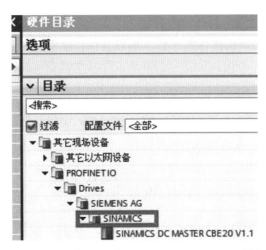

图 5-38　硬件目录添加 SINAMICS V90 PN 设备

2.HSP 文件安装

从 TIA Portal V14 版本开始，用户可以通过使用硬件支持包（HSP）在 TIA Portal 中添加和组态 SINAMICS V90 PN 驱动装置，从西门子工业支持网站下载 SINAMICS V90 PROFINET HSP 文件。项目视图下，在展开"选项"菜单，打开支持包对话框，如图 5-39 所示。

单击"从文件系统添加"按钮，弹出如图 5-40 所示的对话框，选择下载的 HSP 文件。

SINAMICS V90 PN HSP 文件会出现在图 5-41 的列表中，勾选后，单击"安装"，安装时会提示关闭 TIA Portal 继续安装，完成 HSP 文件安装。

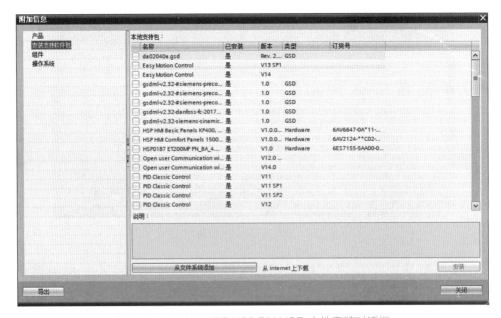

图 5-39　SINAMICS V90 PN HSP 文件安装对话框

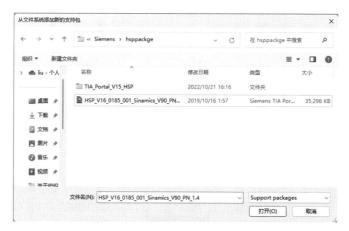

图 5-40　选择下载的 HSP 文件

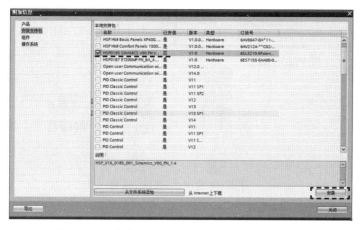

图 5-41　选中 SINAMICS V90 PN HSP 安装

添加设备可以在硬件目录→驱动器和起动器→SINAMICS 驱动下找到 SINAMICS V90 PN，选择对应的型号，如图 5-42 所示。

图 5-42　硬件目录添加 HSP 驱动的 V90 PN 设备

笔记

5.3.3 S7-1200 PLC 的轴工艺对象（TO）

S7-1200 PLC 都有运动控制功能的组件，支持轴的定位控制，可以通过 PROFINET 通信方式连接西门子的 V90 PN 驱动装置。

驱动装置用于控制轴的运动，这些驱动装置将作为从站集成到硬件组态中。在用户程序中执行运动控制命令时，工艺对象（TO）用于控制驱动装置并读取位置编码器的值。驱动装置和编码器可通过 PROFIdrive 报文进行连接，如图 5-43 所示。

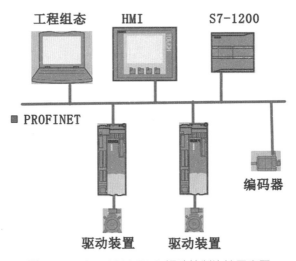

图 5-43　S7-1200 PLC 运动控制连接示意图

S7-1200 及 SINAMICS V90 PN 通过 PROFINET 通信连接，使用 V90 PN 的 GSD 文件，将 V90 PN 组态为 S7-1200 的 IO device，并且在 S7-1200 中以工艺对象的方式来实现定位控制功能，属于中央控制，位置控制在 PLC 中使用运动控制指令计算完成。定位轴的设定值及编码器实际值可通过 PROFIdrive 报文 3 进行传输，V90 PN 需要配置为速度控制模式。

S7-1200 常用的运动控制指令如表 5-16 所示。

表 5-16　S7-1200 运动控制指令功能表

指令名称	功能	说明
MC_Power	使能轴或禁用轴	在其他运动控制指令之前一直调用并使能
MC_Reset	确认故障，重新启动工艺对象	用于确认"伴随轴停止出现的运行错误"和"组态错误"
MC_Home	使轴归位，设置参考点	使轴回归参考点，用来将轴坐标与实际的物理驱动器位置进行匹配。轴的绝对定位需要回原点
MC_Halt	停止轴	停止轴所有运动并以组态的减速度停止

续表

指令名称	功能	说明
MC_MoveAbsolute	轴的绝对定位	使轴以某一速度进行绝对位置定位；轴必须先执行回原点命令
MC_MoveRelative	轴的相对定位	使轴以某一速度在轴当前位置的基础上移动一个相对距离；不需要轴执行回原点命令
MC_MoveVelocity	以设定速度移动轴	根据指定的速度连续移动轴
MC_MoveJog	在点动模式下移动轴	在点动模式下以指定的速度连续移动轴；正向点动和反向点动不能同时触发
MC_ChangeDynamic	更改轴的动态设置参数	加速时间（加速度）值；减速时间（减速度）值；急停减速时间（急停减速度）值；平滑时间（冲击）值
MC_WriteParam	写入定位轴的变量	写入定位轴工艺对象的变量
MC_ReadParam	连续读取定位轴的运动数据	可连续读取定位轴的运动数据和状态消息
MC_CommandTable	按照运动顺序运行轴命令	可将多个单独的轴控制命令组合到一个运动顺序中

5.3.4　SINA_POS（FB284）程序块

1.SINAMICS 驱动器的 EPOS 功能

与 PLC 的工艺对象 TO（轴工艺对象）不同，EPOS（基本位置控制）功能的位置环在驱动器侧，由驱动器自身完成位置闭环控制的功能。SINAMICS 驱动器里 S 系列（S110、S120）以及 V90 PN 都内置了此功能，而 G120 系列中 CU250S-2 功能需要通过购买授权和 CF 卡方式获得。

基本定位器功能包括以下几个模式。

（1）设定值直接给定 MDI。

（2）运行程序段。

（3）回参考点。

（4）点动。

（5）运行到固定挡块。

2. 西门子报文 111 简介

西门子 SINAMICS V90 PN 伺服驱动器工作在 EPOS 模式下，SIMATIC PLC 可以通过 111 报文对 V90 PN 进行控制，111 报文是带扩展功能定位运行报文，111 报文在通信组态时映射的 IQ 地址如图 5-44 所示。

笔记

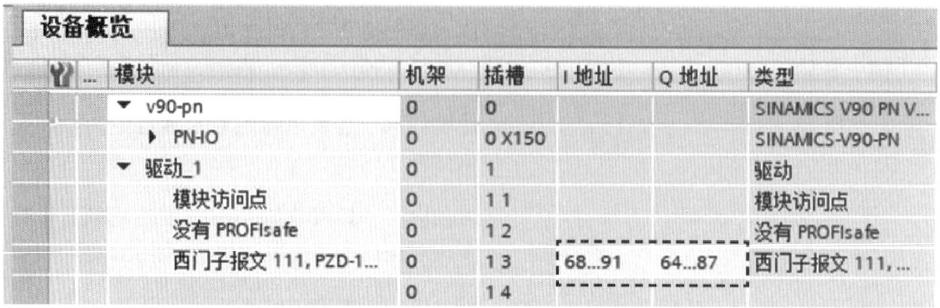

设备概览

	模块	机架	插槽	I 地址	Q 地址	类型
	▼ v90-pn	0	0			SINAMICS V90 PN V...
	▸ PN-IO	0	0 X150			SINAMICS-V90-PN
	▼ 驱动_1	0	1			驱动
	模块访问点	0	1 1			模块访问点
	没有 PROFIsafe	0	1 2			没有 PROFIsafe
	西门子报文 111, PZD-1...	0	1 3	68...91	64...87	西门子报文 111, ...
		0	1 4			

图 5-44　111 报文通信组态时映射的 IQ 地址

PLC 与驱动器之间就是通过输入 / 输出进行数据交换，111 报文是 12 个接受 / 发送字，每个控制 / 状态字的含义如表 5-17 所示。

表 5-17　111 报文 I/Q 地址

过程数据	地址	信号	说明	数据类型
PLC →驱动器				
PZD1	QW64	STW1	控制字 1	U16
PZD2	QW66	POS_STW1	基本定位器的控制字 1	U16
PZD3	QW68	POS_STW2	基本定位器的控制字 2	U16
PZD4	QW70	STW2	控制字 2	U16
PZD5	QW72	OVERRIDE	位置速度倍率	U16
PZD6	QD74	MDI_TARPOS	MDI 位置	I32
PZD7				
PZD8	QD78	MDI_ VELOCITY	MDI 速度	I32
PZD9				
PZD10	QW82	MDI_ACC	MDI 加速度倍率	U16
PZD11	QW84	MDI_DEC	MDI 减速度倍率	U16
PZD12	QW86	USER	用户定义接受字	U16
驱动器→ PLC				
PZD1	IW68	ZSW1	状态字 1	U16
PZD2	IW70	POS_ZSW1	基本定位器的状态字 1	U16
PZD3	IW72	POS_ZSW2	基本定位器的状态字 2	U16
PZD4	IW74	ZSW2	状态字 2	U16
PZD5	IW76	MELDW	消息字	U16

续表

过程数据	地址	信号	说明	数据类型
PZD6	ID78	XIST_A	位置实际值 A	I32
PZD7				
PZD8	ID82	NIST_B	转速实际值 B	I32
PZD9				
PZD10	IW86	FAULT_CODE	故障代码	U16
PZD11	IW88	WARN_CODE	报警代码	U16
PZD12	IW90	USER	用户定义发送字	U16

3.SINA_POS（FB284）程序块安装与使用

SINA_POS（FB284）属于 TIA Portal 提供的驱动库程序，用于基于博途编程环境的 S7-1200、S7-1500、S7-300/400 等 SIMATIC 控制器对 G/S120、V90 等 SINAMICS 驱动器的基本定位控制。

在 TIA Portal 中安装驱动库文件 DriveLib_S7_1200_1500，调用驱动库中的程序块 FB284 可实现 V90 的 EPOS 基本定位控制，实现定位控制、点动控制、回原点、MDI、速度控制和参数修改等功能。如图 5-45 所示，在全局库中添加"SINA_POS"至 OB1。

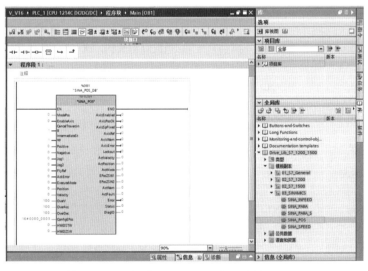

图 5-45 添加"SINA_POS"程序块至 OB1

4.SINA_POS（FB284）程序块参数

FB284 程序块输入/输出参数如表 5-18 所示，表中的位置设置参数"Position"的单位是 LU，速度设置参数"Velocity"的单位是 1000 LU/min。

笔记

表 5-18　FB284 程序块输入 / 输出参数表

信号	类型	说明
输入		
ModePos	INT	运行模式： 1= 相对定位； 2= 绝对定位； 3= 连续运行模式（按指定速度运行）； 4= 主动回零； 5= 直接设置回零位置； 6= 运行程序段 0~15； 7= 按指定速度点动； 8= 按指定距离点动
EnableAxis	BOOL	伺服运行命令： 0= 停止（OFF1）； 1= 启动
CancelTraversing	BOOL	0= 取消当前的运行任务； 1= 不取消当前的运行任务
IntermediateStop	BOOL	暂停任务运行： 0= 暂停当前运行任务； 1= 不暂停当前运行任务
Positive	BOOL	正方向，ModePos=3 连续运行模式决定运动方向
Negative	BOOL	负方向，ModePos=3 连续运行模式决定运动方向
Jog1	BOOL	点动信号 1，负向点动速度，在 V90 PN 驱动中设置
Jog2	BOOL	点动信号 2，正向点动速度，在 V90 PN 驱动中设置
FlyRef	BOOL	此输入对 V90 PN 无效
AckError	REAL	故障复位
ExecuteMode	BOOL	激活请求的模式
Position	DINT	ModePos=1 或 2 时的位置设定值，单位为 LU； ModePos=6 时的程序段号
Velocity	DINT	ModePos=1、2、3 时的速度设定值，单位为 1000 LU/min
OverV	INT	设定速度百分比 0~199%
OverAcc	INT	ModePos=1、2、3 时的设定加速度百分比 0~100%
OverDec	INT	ModePos=1、2、3 时的设定减速度百分比 0~100%

信号	类型	说明
ConfigEPOS	DWORD	参数控制基本定位的相关功能： ● ConfigEPos.%X0：OFF2 停止； ● ConfigEPos.%X1：OFF3 停止； ● ConfigEPos.%X2：激活软件限位； ● ConfigEPos.%X3：激活硬件限位； ● ConfigEPos.%X6：零点开关信号； ● ConfigEPos.%X7：外部程序块切换； ● ConfigEPos.%X8：ModPos=2、3 时设定值连续改变（不需要重新触发）
HWIDSTW	HW_IO	V90 设备视图中报文 1 的硬件标识符
HWIDZSW	HW_IO	V90 设备视图中报文 1 的硬件标识符
输出		
ModeError	BOOL	ModePos 不在 1~7 范围内
CommunicationError	BOOL	使用 SFC14/15 于驱动器进行通信发生故障
DiagID	WORD	通信错误，在执行 SFB 调用时发生错误
AxisEnabled	BOOL	驱动已使能
AxisError	BOOL	驱动故障
AxisWarn	BOOL	驱动报警
AxisPosOk	BOOL	目标位置到达
AxisRef	BOOL	已设置参考点
ActVelocity	DINT	实际速度（十六进制的 40000000 对应 p2000 参数设置的转速）
ActPosition	DINT	当前位置 LU
ActMode	INT	当前激活的运行模式
ActWarn	WORD	驱动器当前的报警代码
ActFault	WORD	驱动器当前的故障代码

5.FB284 程序块运行模式

FB284 程序块支持八种运行模式，通过参数"Modepos"设置，如表 5-19 所示。

笔记

表 5-19　FB284 程序块支持的八种运行模式

ModePos	运行模式	功能
1	相对定位	采用 SINAMICS 驱动的内部位置控制器来实现相对位置控制，对上一个位置的定位
2	绝对定位	采用 SINAMICS 驱动的内部位置控制器来实现绝对位置控制，必须回零或编码器校正
3	连续运行	允许轴在正向或反向以一个恒定的速度运行
4	主动回零	允许轴按照预设的回零速度及方式沿着正向或反向进行回零操作，激活驱动的主动回零。回零开关必须连接到 PLC 的输入点，其信号状态通过 FB284 程序块的 ConfigEPos.%X6 发送到驱动器中
5	直接设置回零位置	允许轴在任意位置时对轴进行零点位置设置
6	运行程序段	允许创建自动运行的运动任务、运行至固定挡块（夹紧）、设置及复位输出等功能
7	按指定速度点动	输入参数 Jog1 及 Jog2 用于控制 EPOS 的点动运行，点动速度在驱动器中设置。运动方向由驱动中设置的点动速度来决定，默认设置为 Jog 是负向点动速度，Jog2 是正向点动速度，与 Positive 及 Negative 参数无关
8	按指定距离点动	输入参数 Jog1 及 Jog2 用于控制轴按指定的距离点动运行，运动方向由驱动中设置的点动速度来决定，点动距离增量值默认设置为 Jog1 traversing distance/Jog2 traversing distance =1000LU，与 Positive 及 Negative 参数无关

5.3.5　EPOS 模式下的主动回零方式

SINAMICS V90 PN 与 PLC 间通过 PROFINET 连接，使用标准西门子 111 报文，PLC 控制 V90 PN 时使用 FB284（SINA_POS）程序块，采用增量编码器主动回零有以下两种方式。

1. 外部回零开关 + 编码器零脉冲回零

设置参数 P29240=1，回零编程步骤如下。

（1）设置 FB284 工作模式：ModePos=4。

（2）需要将参考点挡块输入信号（回零开关）连接到程序块管脚 ConfigEPos.%X6。

（3）设置 EnableAxis=1 使能轴。

（4）设置 ExecuteMode=1 执行回参考点运行，此时轴开始回零运行。

轴加速到速度参数 p2605 设定值搜索参考点挡块。当到达参考点挡块时
（Pos_STW2.2：0→1），伺服电机减速到静止状态。此时，轴开始反向加速到速
度参数 p2608 设定值，当离开参考点挡块后（Pos_STW2.2：1→0），搜索编码
器的零脉冲，当遇到编码器的第一个零脉冲，轴反向加速以速度参数 p2611 设定
值运行偏移距离参数 p2600 设定值后停止在参考点，并将参数 p2599 的值设置成
参考点的位置值，伺服数字量输出信号 REFOK =1。回参考点完成后程序块管脚
AxisRef 状态变为 1。

2. 仅编码器零脉冲

设置参数 P29240=2，回零编程步骤如下。

（1）设置 FB284 工作模式：ModePos=4。

（2）设置 EnableAxis=1 使能轴。

（3）设置 ExecuteMode=1 执行回参考点运行，此时轴开始回零运行。

轴按照参数 P2604 设定值定义的搜索方向，以最大加速度参数 P2572 设定
值加速至搜索速度参数 P2608 设定值搜索编码器的零脉冲，搜索到零脉冲后，轴
以速度参数 P2611 设定值运行偏移距离参数 p2600 设定值后停止在参考点，并将
参数 p2599 的值设置成参考点的位置值，V90 数字量输出信号 REFOK=1。回参
考点完成后 AxisRef 状态变为 1。

技能训练

通过工艺对象（TO）功能实现 SINAMICS V90 PN 的位置控制

1. 训练目的

（1）了解 SINAMICS V90 PN 伺服驱动的位置控制的方法。

（2）了解 S7-1200 PLC 的工艺对象功能。

（3）会使用 V-ASSISTANT 设置 V90 PN。

（4）会组态 PLC+ SINAMICS V90 PN 构建伺服驱动系统。

（5）掌握 PLC 工艺对象的配置方法。

（6）会使用工艺对象中的指令编写程序实现运动控制功能。

2. 训练要求

通过 S7-1200 PLC 的工艺对象（TO）功能，使用 SINAMICS V90 PN 伺服驱
动器驱动电动机运行，具有绝对定位、相对定位、点动、复位等功能。

3. 训练准备

S7-1200 PLC 通过工艺对象功能调试 SINAMICS V90 PN 的位置控制功能需
要的软硬件如表 5-20 所示。

表 5-20　工艺对象功能调试伺服驱动器软硬件明细表

序号	名称	说明
		硬件
1	CPU 1214C	DC/DC/DC V4.2
2	SINAMICS V90 PN	6SL3120-5FB10-1UF0
3	1FL6 电机	1FL6025-2 AF21-1 AA1（增量编码器 2500 PPR），负载皮带轮直径 =38 mm
		软件
4	TIA Portal	V16
5	SINAMICS V-ASSISTANT	V1.07.00

4. 电路连接

参考任务 5.2 的技能训练中的电路连接（见图 5-22）。

5.V-ASSISTANT 设置

按照如下步骤设置 V90 PN，参考任务 5.2 的技能训练。

（1）使用 V-ASSISTANT 调试软件，确认 SINAMICS V90 PN 的控制模式是否为"速度控制模式（S）"。

（2）设置 PROFINET →配置网络，设置 SINAMICS V90 PN 的设备名称为"v90-pn"，IP 地址为"192.168.0.5"。

（3）设置 SINAMICS V90 PN 的控制报文为标准报文 3。在下方可以查看报文结构及数值。

（4）生效斜波功能。

6.TIA Portal 硬件组态

（1）新建一个 TIA Portal 项目，添加 S7-1200 设备。

（2）将 SINAMICS V90 PN 拖拽到画面中，需注意固件的版本选择。

（3）建立 PLC 与 SINAMICS V90 PN 的网络连接。设置 S7-1200 PLC 的 IP 地址为"192.168.0.1"，设置 V90 PN 的设备名称为"v90-pn"，IP 地址为"192.168.0.5"，与 V-ASSISTANT 软件设置一致。编译并下载组态至 PLC。

（4）在设备视图中为 SINAMICS V90 PN 添加标准报文 3，如图 5-46 所示。

7. 插入工艺对象

（1）新建工艺对象。通过左侧项目树中的工艺对象→新增对象，添加运动控制"TO_PositioningAxis"，弹出新增对象对话框，修改名称或默认，如图 5-47 所示。单击"确定"按钮进入工艺对象组态。

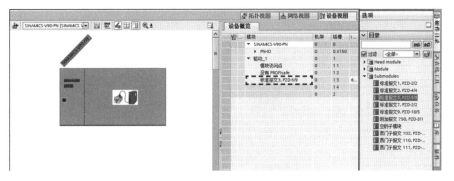

图 5-46　设备视图添加"标准报文 3"

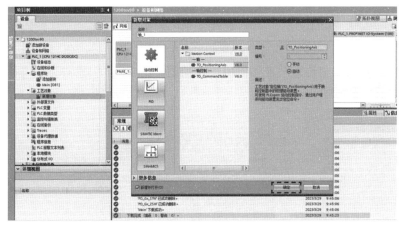

图 5-47　添加运动控制"TO_PositioningAxis"

（2）选择"PROFIdrive"，设置位置单位为"mm"，选择"不仿真"选项，如图 5-48 所示。

（3）配置轴的驱动，选择连接到 PROFINET 总线上的 V90 PN 驱动器，如图 5-49 所示。

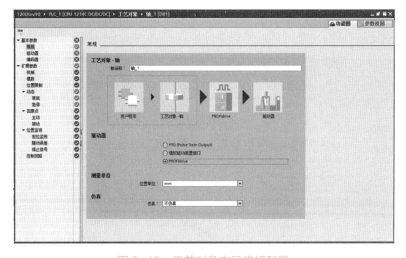

图 5-48　工艺对象向导常规配置

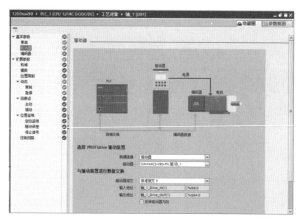

图 5-49　工艺对象向导驱动器配置

（4）配置编码器的数据交换。添加 PROFIdrive 编码器，在与编码器之间的数据交换区域勾选"运行时自动应用编码器值（在线）"，编码器类型选择"旋转增量"编码器，如图 5-50 所示。

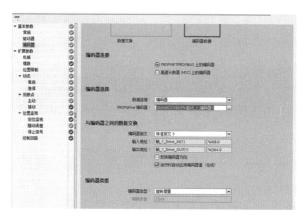

图 5-50　工艺对象向导编码器配置

（5）配置扩展参数中的机械数据：编码器的安装位置选择，"在电机轴上"位置参数电机每转的负载位移，根据实际情况更改为 100.0 mm，如图 5-51 所示。

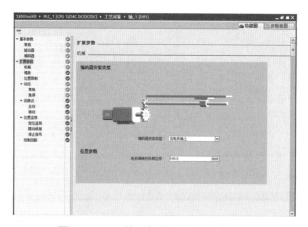

图 5-51　工艺对象向导扩展参数配置

（6）设置硬限位开关及软限位开关。启用硬限位开关，上限位和下限位输入 PLC 的输入点，选择高电平有效。启用软限位开关，设置软限位开关上 / 下限位置（距离硬限位开关的距离），如图 5-52 所示。

笔记

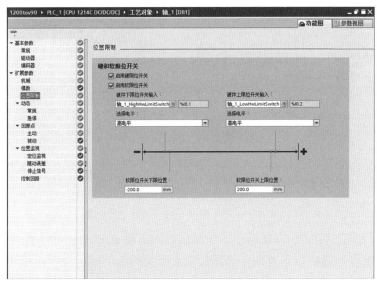

图 5-52　工艺对象向导位置限制配置

（7）设置动态中的常规参数。选择速度限值的单位为"转 / 分钟"，设置最大转速为 100 转 / 分钟，加速和减速时间为 0.5 s，如图 5-53 所示。

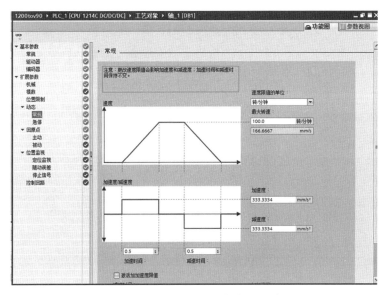

图 5-53　工艺对象向导动态常规参数配置

（8）设置动态中的急停参数。设置急停速度，减速时间为 0.5 s，如图 5-54 所示。

笔记

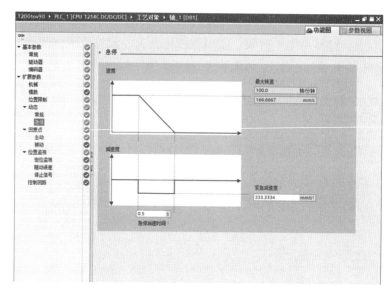

图 5-54　工艺对象向导动态急停参数配置

（9）设置主动回零的方式。选择原点开关，输入 PLC 的输入点，默认高电平有效；选择逼近回原点方向，选择参考点开关的上下侧。设置逼近速度和参考速度。

（10）项目编译完成无错误后下载项目。

（11）使用控制面板测试轴的运行。

①如图 5-55 所示，在工艺对象轴 _1 打开调试窗口，需要激活获取主控权，然后启用轴。

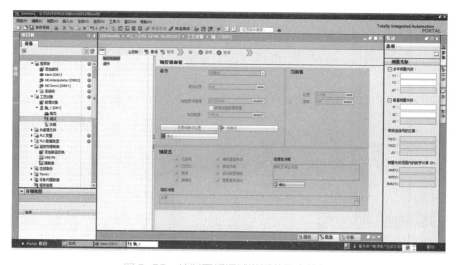

图 5-55　控制面板调试激活获取主控权

②轴控制面板命令有点动、定位和回原点三项功能。点动功能如图 5-56 所示，设置速度和加速度 / 减速度值，单击正向或反向，负载点动运行，在当前值栏目可以看到负载运行状况，包括位置和速度信息。

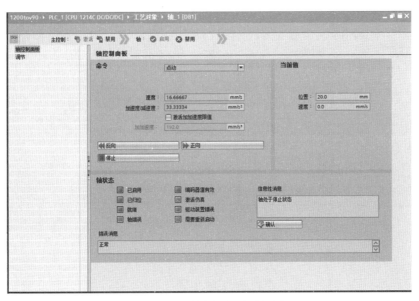

图 5-56　控制面板点动调试

笔记

　　定位功能如图 5-57 所示，可以实现绝对定位和相对定位，在目标位置行进路径输入位置值，设定速度及加速度 / 减速度值，单击相对或绝对完成定位功能，绝对定位要保证已完成回原点操作。

　　回原点功能可以实现"设置回原点位置"和"回原点"功能。如图 5-58 所示，"设置回原点位置"相当于回原点模式 0 绝对式直接回原点，轴的坐标值直接更新成新的原点坐标，新的坐标值就是原点位置的数值。"回原点"相当于回原点模式 3 主动回原点功能，执行后会自动运行返回原点。

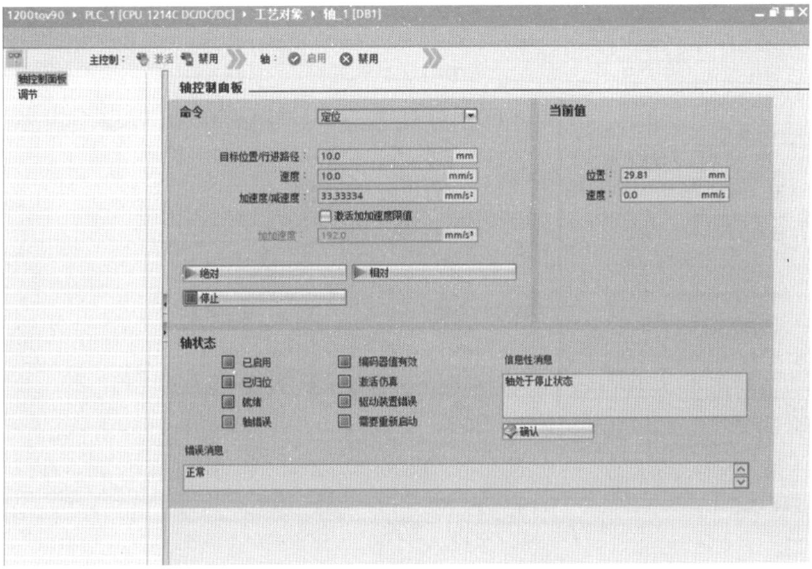

图 5-57　控制面板定位功能调试

笔记

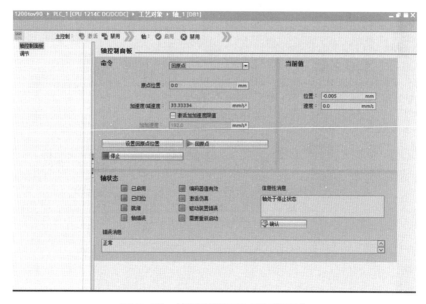

图 5-58　控制面板回原点功能调试

8. 程序编写

如图 5-59 所示，在右侧指令树中的工艺栏目下找到运动控制指令，拖拽到 OB1 中，编写程序。

（1）轴使能。调用 MC_Power 指令，配置参数变量，如图 5-60 所示。

（2）轴回原点。调用 MC_Home 指令，配置参数变量，如图 5-61 所示。

图 5-59　运动控制指令

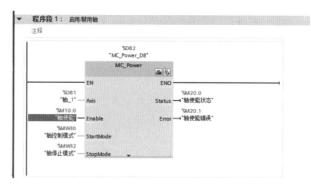

图 5-60　调用 MC_Power 指令

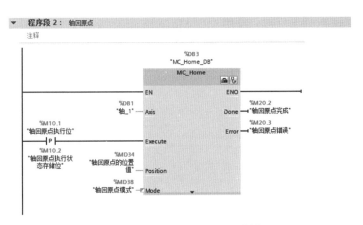

图 5-61　调用 MC_Home 指令

（3）轴停止。调用 MC_Halt 指令，配置参数变量，如图 5-62 所示。

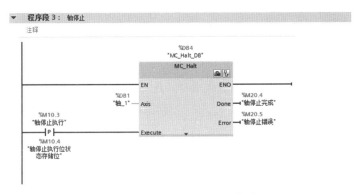

图 5-62　调用 MC_Halt 指令

（4）轴的绝对定位。调用 MC_MoveAbsolute 指令，配置参数变量，如图 5-63 所示。

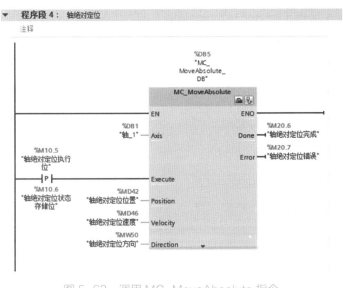

图 5-63　调用 MC_MoveAbsolute 指令

笔记

笔记

（5）轴的相对定位。调用 MC_MoveRelative 指令，配置参数变量，如图 5-64 所示。

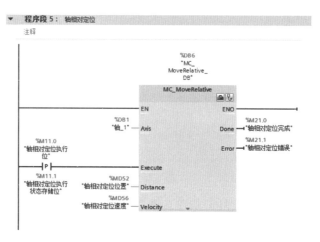

图 5-64　调用 MC_MoveRelative 指令

（6）轴的点动。调用 MC_MoveJog 指令，配置参数变量，如图 5-65 所示。

（7）轴的复位。调用 MC_Reset 指令，配置参数变量，如图 5-66 所示。

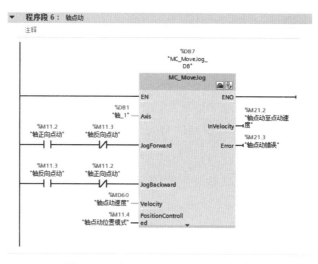

图 5-65　调用 MC_MoveJog 指令

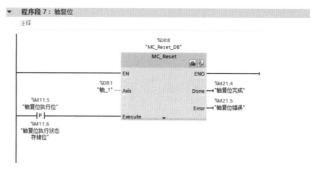

图 5-66　调用 MC_Reset 指令

（8）轴的实际位置和速度查看。配置参数变量，如图 5-67 所示。调用 MC_ReadParam 指令，在输入参数 Parameter 处输入需要查看的变量 ActualPosition，存放在输入参数 Value 指定的变量 MD64 中，查看轴实际位置。再次调用 MC_ReadParam 指令，在输入参数 Parameter 处输入需要查看的变量 ActualVelocity，存放在输入参数 Value 指定的变量 MD68 中，查看轴的实际速度。

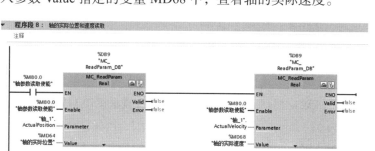

图 5-67　调用 MC_ReadParam 指令查看轴的实际位置和速度

9. 运行与调试

在 OB1 程序窗口启用监视（🖳），程序进入在线状态，可以修改相关参数，观察程序执行状态及结果。

（1）轴使能调试。如图 5-68 所示，设置输入参数 M10.0 为 TRUE，轴控制模式 StartMode 为 1，轴停止模式 StopMode 为 1，立即停止。输出参数 M20.0 为 TRUE，表示轴已使能，未报错。

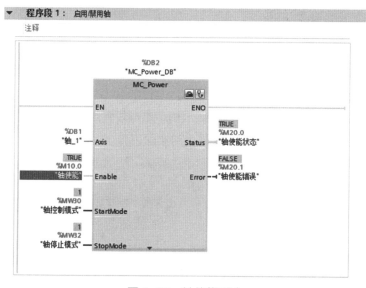

图 5-68　轴使能调试

（2）轴回原点调试。如图 5-69 所示，设置轴原点位置 MD34 为 0，回原点模式 MD38 为 3（主动回零），接通 M10.1 上升沿触发回原点指令执行，可以看出，指令执行完毕，当前实际位置就是 MD34 设置的位置 0。

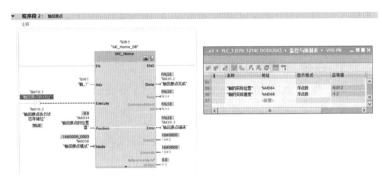

图 5-69　轴回原点调试

（3）轴的绝对定位调试。如图 5-70 所示，设置轴的绝对定位速度为 20 mm/s，轴的定位位置为 120 mm，接通指令使能位 M10.5，负载执行绝对定位运行，在监控表中可以通过 MD64 和 MD68 查看轴的实际位置和速度，轴的实际位置 MD64 显示的数值是相对原点的距离 120 mm。

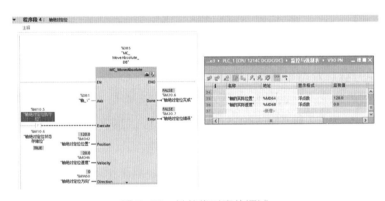

图 5-70　轴的绝对定位调试

（4）轴的相对定位调试。如图 5-71 所示，设置轴的相对定位速度为 30 mm/s，轴的定位位置为 60 mm，接通指令使能位 M11.0，负载执行相对定位运行，在监控表中可以通过轴的实际位置 MD64 显示相对原点位置约为 180 mm，是在前次运行 120 mm 的距离基础上运行 60 mm 得出的实际位置。

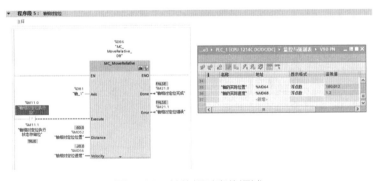

图 5-71　轴的相对定位调试

（5）轴点动调试。如图 5-72 所示，设置轴的点动速度为 15 mm/s，接通轴正向点动控制 M11.2 或反向点动控制 M11.3，负载按照设定值运行，断开 M11.2 或 M11.3，负载停止运行。

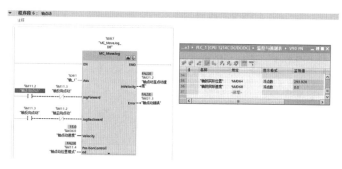

图 5-72　轴点动调试

（6）轴的实际位置和速度调试。如图 5-73 所示，接通轴参数读取使能位 M80.0，可以读取轴的实际位置和速度，分别存放在 MD64 和 MD68 中。

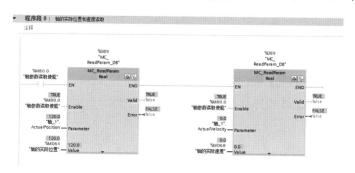

图 5-73　轴的实际位置和速度调试

10. 考核与评价

使用 S7-1200 PLC 运动控制功能调试伺服驱动器考核评价如表 5-21 所示。

表 5-21　PLC 运动控制功能调试伺服驱动器考核评价表

任务			
序号	评价内容	权重 /%	评分
1	依据电路原理图，正确连接 PLC、伺服驱动器与电动机的硬件线路	10	
2	能够进行 V-ASSISTANT 设置	10	
3	正确组态 S7-1200 工艺对象	20	
4	正确进行 PLC 程序编写、编译和下载	20	
5	正确进行程序运行与调试，数据记录正确	20	
6	合理施工，操作规范，在规定时间完成任务	10	

任务			
序号	评价内容	权重 /%	评分
7	无旷课、迟到现象，团队意识强（工具保管、使用、收回情况，设备摆放情况，场地整理情况）	10	
总分			
日期	学生	教师	

通过 FB284 程序块实现 V90 PN 的位置控制

1. 训练目的

（1）了解 V90 PN 伺服驱动器的内部基本定位器 EPOS 功能。

（2）了解 S7-1200 PLC 的 FB284 程序块功能。

（3）会使用 V-ASSISTANT 设置 V90 PN 位置控制模式。

（4）会组态 PLC+V90 PN 构建伺服驱动系统。

（5）掌握 FB284 程序块的配置使用方法。

（6）会使用 FB284 程序块编写程序调试 V90 PN 运动控制。

2. 训练要求

使用 V-ASSISTANT 配置 V90 PN 伺服驱动器，编写 PLC 程序，使用 FB284 程序块控制伺服驱动电机运行，运行调试绝对定位、相对定位、点动、复位等功能。

3. 训练准备

FB284 程序块调试 V90 PN 伺服驱动器所需软硬件明细表如表 5-22 所示。

表 5-22　调试 V90 PN 伺服驱动器软硬件明细表

序号	名称	说明
硬件		
1	CPU 1214C	DC/DC/DC V4.2
2	V90 PN	6SL3120-5FB10-1UF0
3	1FL6 电机	1FL6025-2 AF21-1 AA1（增量编码器 2500 PPR），负载皮带轮 D=38 mm
软件		
4	TIA Portal	V16
5	SINAMICS V-SSISTANT	V1.07.00

4. 电路连接

参考图 5-22 所示的电路，通过断路器 QF1 向 V90 PN 伺服驱动器 L1、L2 提供 220 V 交流电，通过断路器 QF2 经过电源模块向 PLC 提供 24 V 直流电，伺服驱动器的 U、V、W 连接电动机，两个以太网接口分别连接 PLC 和计算机。

5. V-ASSISTANT 软件配置 V90 PN 位置控制

（1）使用 V-ASSISTANT 调试软件，修改 V90 PN 的控制模式为"基本定位控制（EPOS）"，修改完成需要重新启动驱动器才能生效，如图 5-74 所示。

（2）"设置 PROFINET-> 配置网络"，设置 V90 PN 的设备名称为"v90-pn"，IP 地址为"192.168.0.5"。

（3）V90 PN 伺服驱动器的选自报文为"111：西门子报文 111，PZD-12/12"，如图 5-75 所示。

图 5-74　配置驱动器为"基本定位控制（EPOS）"模式

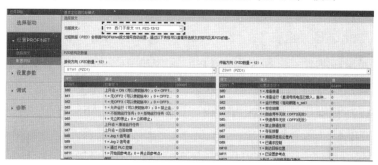

图 5-75　配置报文为西门子 111 报文

（4）设置机械结构相关参数。默认丝杠连接，丝杠螺距 10 mm，分辨率 1 μm，负载转动一圈对应 10000 LU。如果使用皮带轮连接，需要设置正确的齿轮比，设置负载转动一圈物体移动距离 120000 LU（皮带轮连接，齿轮比 1:1，皮带轮直径 38 mm），分辨率是 1 μm，如图 5-76 所示。

（5）配置回零参数。回参考点方式选择"1：参考点挡块（信号 REF）及编码器零脉冲"，设置相关参数。轴到达参考点挡块减速到静止状态，然后反向运行，离开参考点挡块，并开始搜索编码器零脉冲，当搜索到零脉冲后，轴运行设定的偏移距离，停止在参考点。将参考点挡块输入信号（回零开关）连接到程序块管脚 ConfigEPos 的 bit6，如图 5-77 所示。

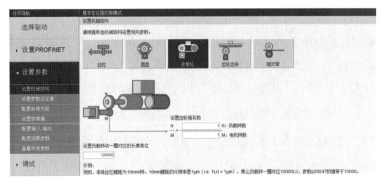

图 5-76　设置机械结构相关参数

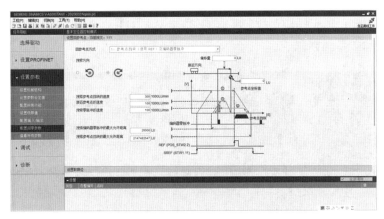

图 5-77　配置回零参数

6.TIA Portal 硬件组态

（1）创建新项目，添加 S7-1200 PLC 和 V90 PN 设备，建立 V90 PN 与 PLC 的网络连接，设置 S7-1200 PLC 的 IP 地址为"192.168.0.1"，设置 V90 PN 的设备名称为" v90-pn"，IP 地址为"192.168.0.5"，与 V-ASSISTANT 软件设置一致。编译并下载组态至 PLC。

（2）在设备视图中为 V90 PN 添加"西门子报文 111，PZD-12/12"，与 V-ASSISTANT 软件设置一致，如图 5-78 所示。

图 5-78　添加"西门子报文 111，PZD-12/12"报文

（3）下载硬件组态至 PLC。

7. 程序编写

（1）使用 FB284 程序块。在右侧全局库中的"Drive_Lib_S7_1200_1500"→"03_SINAMICS"找到 SINA_POS 程序块，拖拽到 OB1 中，弹出建立背景数据块对话框"SINA_POS_DB"，单击确定，建立 SINA_POS 程序块背景数据块，如图 5-79 所示。

笔记

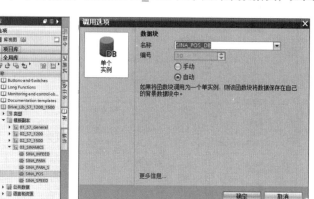

图 5-79　在 OB1 中添加 FB284 程序块

（2）编写 OB1 程序。

①为调用 FB284 程序块建立如图 5-80 所示的变量表。

	名称	数据类型	地址	保持	从 H...	从 H...	在 H...
1	轴使能	Bool	%M10.0		✓	✓	✓
2	轴使能状态	Bool	%M20.0		✓	✓	✓
3	轴位置OK	Bool	%M20.1		✓	✓	✓
4	正方向	Bool	%M10.1		✓	✓	✓
5	负方向	Bool	%M10.2		✓	✓	✓
6	正向点动	Bool	%M10.3		✓	✓	✓
7	反向点动	Bool	%M10.4		✓	✓	✓
8	执行模式	Bool	%M10.6		✓	✓	✓
9	错误复位	Bool	%M10.5		✓	✓	✓
10	速度设置	Real	%MD64		✓	✓	✓
11	轴控制模式	Int	%MW50		✓	✓	✓
12	位置设置	DInt	%MD60		✓	✓	✓
13	实际速度	DInt	%MD70		✓	✓	✓
14	实际位置	DInt	%MD74		✓	✓	✓
15	实际模式	Int	%MW78		✓	✓	✓
16	实际转速rpm	Real	%MD82		✓	✓	✓
17	实际转速值	Int	%MW88		✓	✓	✓
18	速度设定值RPM	Real	%MD90		✓	✓	✓
19	参考原点	Bool	%I0.2		✓	✓	✓
20	Epos控制字参考点	Bool	%Q68.2		✓	✓	✓
21	位置设定值mm	Real	%MD94		✓	✓	✓
22	实际位置mm	Real	%MD100		✓	✓	✓
23	原点开关	Bool	%I0.0		✓	✓	✓
24	<新增>				✓	✓	✓

图 5-80　建立变量表

②原点关联。如果使用的回零模式是外部回零开关＋编码器零脉冲回零，则需要把外部原点开关关联至控制字 ConfigEPos 的位 6，如图 5-81 所示。

图 5-81　原点关联

③调用 FB284 程序块，参照变量表，设置输入 / 输出参数，如图 5-82 所示。

图 5-82　调用 FB284 程序块

④编写实际速度、位置转换程序。实际速度由引脚 Actvelocity 获得，存放在 MD70 中，单位是 1000 LU，数字量对应的满量程是 16#40000000（十进制 1073741824.0），因为参数 P2000 参考转速为 3000 rpm，所以可以计算出实际转速，存放在 MD82 中。实际位置由引脚 ActPosition 获得，存放在 MD74 中，单位是 LU，转动一圈 120 mm 对应的是 1200000 LU，所以可以计算出实际位置，存放在 MD100 中，如图 5-83 所示。

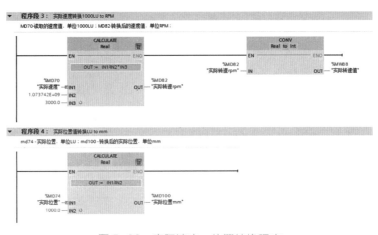

图 5-83　实际速度、位置转换程序

⑤编写速度、位置设定转换程序。MD64 的值关联输入变量 Velocity，单位为 1000 LU，速度设定值使用 MD90 的值，单位是 rpm，需要把 rpm 值转换到 1000LU 对应的值，转动一圈对应 120000 LU，所以计算出输入参数 Velocity= MD90 × 120000/1000。MD60 的值关联输入变量 Position，单位是 LU，位置设定使用 MD94 的值，单位 mm，需要把 mm 值转换为 LU，所以计算出输入参数 Position=MD94 × 1000，如图 5-84 所示。

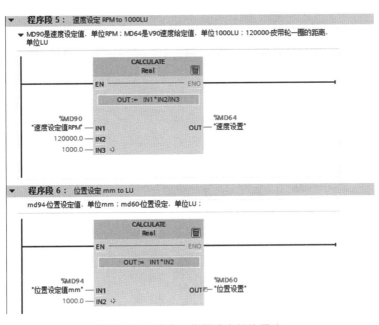

图 5-84　速度、位置设定转换程序

8. 运行与调试

程序编译无误，下载至 PLC。程序窗口启用监视功能。

（1）回原点运行，如图 5-85 所示。

①运行模式选择 ModePos=4，V-ASSISTANT 设置回原点模式，运行方向由 Positive 及 Negative 决定。

②Jog1 及 Jog2 必须设置为 0。

③CancelTransing=1，IntermediateStop=1。

④ConfigEpos=16#0000_0003。

⑤输入参数轴使能 EnableAxis 为 TRUE。

⑥输入参数 Position 设置原点位置，Velocity 设置回原点速度。

⑦ExecuteMode 上升沿触发定位运动。

⑧回原点完成，AxisRef 标志位为 TRUE。

笔记

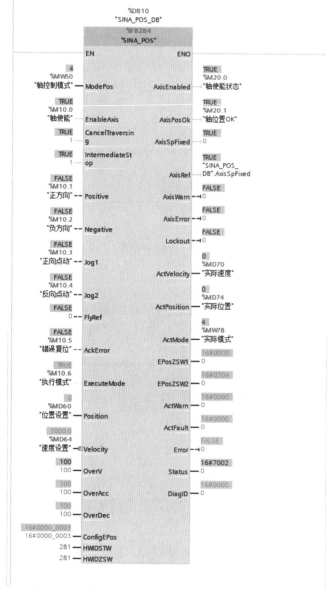

图 5-85　回原点调试

（2）相对定位运行，如图 5-86 所示。

①运行模式选择 ModePos=1，轴可以不回零或不校正绝对值编码器。

② Jog1 及 Jog2 必须设置为 0。

③ CancelTransing=1，IntermediateStop=1。

④ ConfigEpos=16#0000_0003。

⑤设置位置 Position 和速度 Velocity，运动方向由 Postion 给定的正负决定。

⑥驱动的运行命令 EnableAxis=1。

⑦ ExecuteMode 上升沿触发定位运动。

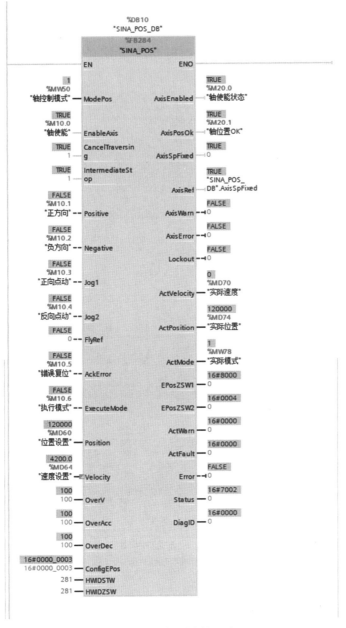

图 5-86　相对定位调试

（3）绝对定位运行，如图 5-87 所示。

①运行模式选择 ModePos=2，轴必须已回零或编码器已被校准。

② Jog1 及 Jog2 必须设置为 0。

③ CancelTransing=1，IntermediateStop=1。

④ ConfigEpos=16#0000_0003。

⑤设置目标位置 Position 和速度 Velocity，参数 Positive 及 Negative 必须为 0。

⑥驱动的运行命令 EnableAxis=1。

笔记

⑦ ExecuteMode 上升沿触发定位运动。

（4）连续运行，如图 5-88 所示。

①运行模式选择 ModePos=3，允许轴的位置控制器在正向或反向以一个恒定的速度运行。

②Jog1 及 Jog2 必须设置为 0。

③CancelTransing=1，IntermediateStop=1。

④ConfigEpos=16#0000_0003。

⑤通过输入参数 Velocity 指定运行速度，运行方向由 Positive 及 Negative 决定。

⑥更改运行方向后，需要重新触发 ExecuteMode。

⑦驱动的运行命令 EnableAxis=1。

⑧ExecuteMode 的上升沿触发定位运动。

图 5-87　绝对定位调试　　　　图 5-88　连续运行调试

（5）点动运行。如图 5-89 所示。

①运行模式选择 ModePos=7。

② CancelTransing=1，IntermediateStop=1。

③ ConfigEpos=16#0000_0003。

④点动速度在 V90 PN 中设置，参数 Positive 及 Negative 必须为 0。

⑤驱动的运行命令 AxisEnable=1。

⑥给出 Jog1 或 Jog2 信号，正向点动或反向点动。

笔记

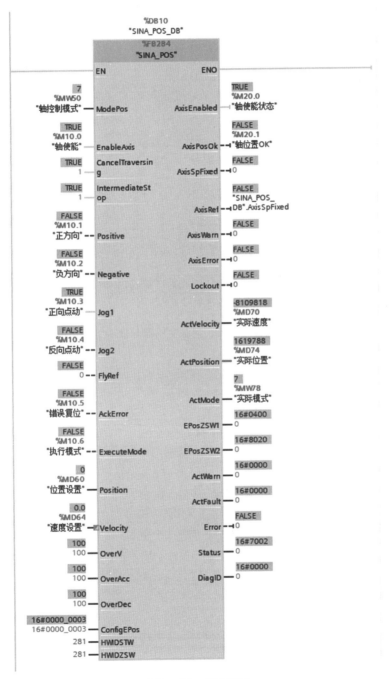

图 5-89　点动调试

笔记

（6）数据记录。

按照表 5-23 所示设置要求，完成调试并记录数据。

表 5-23 FB284 程序块运行测试记录表

ModePos	设定速度/rpm	设定位置/mm	ActVelocity/1000LU	实际速度/rpm	ActPosition/LU	实际位置/mm
1	20	30				
2	25	45				
3	30	—				
4	—	0				
7	—	—				

9. 考核与评价

使用 FB284 程序块调试 SINAMICS V90 伺服驱动器考核评价如表 5-24 所示。

表 5-24 FB284 程序块调试 SINANICS V90 伺服驱动器考核评价表

任务序号	评价内容	权重/%	评分
1	依据电路原理图，正确连接 PLC、伺服驱动器与电动机的硬件线路。	10	
2	能认知 FB284 程序块功能	10	
3	正确进行 V-ASSISTANT 设置	20	
4	正确进行 PLC 程序编写、编译和下载	20	
5	正确进行程序运行与调试，数据记录正确	20	
6	合理施工，操作规范，在规定时间完成任务	10	
7	无旷课、迟到现象，团队意识强（工具保管、使用、收回情况，设备摆放情况，场地整理情况）	10	
总分			
日期	学生		教师

问题与思考

1.GSD 是＿＿＿，兼容第三方设备，只有通信功能，需要通过

V-ASSISTANT 软件配置驱动器。

2. FB284 程序块支持_____种运行模式。

3. 西门子 111 报文有_____个接受字和_____个发送字。

4. S7-1200 中以工艺对象的方式来实现定位控制功能，需要西门子报文_____进行传输，SINAMICS V90 PN 需要配置为_____控制模式。

5. SINAMICS V90 PN 工作在 EPOS 模式下，PLC 可以通过西门子_____报文对驱动器进行控制，需要配置为_____控制模式。

6. EPOS 模式下，SINAMICS V90 PN 主动回零有_____种方式。

7. EPOS 模式下，SINAMICS V90 PN 采用外部回零开关＋编码器零脉冲回零方式，需要参考点挡块输入信号连接到程序块管脚_____。

拓展阅读

变频与伺服

变频和伺服驱动广泛应用在自动化控制领域电动机的控制，两者既有联系，又有区别。

变频与伺服的技术构成和控制环节不同。变频的主要目的是实现电动机的调速，多属于开环控制，但伺服可以控制电动机的速度、转矩和位置，将电流环、速度环或者位置环进行闭环控制，这是主要区别。伺服的主要作用是能够实现精确快速定位。在伺服驱动环节中，变频技术是伺服控制的一个必须的技术环节，伺服驱动器中同样需要通过变频技术实现无级调速。

变频与伺服的控制对象不同。变频器控制的主要对象是交流异步电动机，电机本身不具有反馈元件。伺服电机的构造与普通电动机是有区别的，因为伺服电机要满足快速响应和准确定位。伺服电机的材料、结构和加工工艺要远远高于变频器驱动的交流电动机，具有更高的动态响应特性和过载能力，能够承受频繁启动、制动和反转，要求更高。通常伺服电机和反馈元件集成一体，构成闭环控制。

变频与伺服的应用领域不同。变频器控制主要是满足普通电动机无级调速的需求，满足一般工业应用，具有成本低、维护少、使用简单等特点。伺服驱动主要用于运动控制领域，满足控制对象对动态响应、高精度的要求，除了转速控制外，还能够实现转矩和位置的精确控制，但成本较高且结构相对复杂。

笔记

参 考 文 献

［1］王易平 . 变频器基础与技能［M］.2 版 . 重庆：重庆大学出版社，2019.

［2］李方园 . 图解变频器控制及应用［M］. 北京：中国电力出版社，2012.

［3］王建，杨秀双 . 西门子变频器入门与典型应用［M］. 北京：中国电力出版社，
2011.

［4］周奎，王玲 . 变频器技术及应用［M］. 北京：高等教育出版社，2018.

［5］SINAMICS V20 逆变器操作说明 .

［6］SINAMICS V90 变频器操作说明 .

［7］S7-1200 可编程控制器系统手册 .